彩图 1
服装设计是一门艺术与
技术相结合的创造劳动
（吴海燕作品）

（1）依格多

（2）唐炜作品

（3）

（4）刘家强作品

彩图 2　服装外形的塑造是服装设计中最基本的要素之一

彩图 3　色彩的变化会给服装
增添无穷的新意

彩图 4　不同材质的面料会产生不同效果

彩图 5　针织面料柔软轻松

彩图 6　硬挺面料显得端庄严肃（顺美）

彩图 7　丝绸的柔美舒适是女装首选面料之一（圣三利）

彩图 8　服装的领、袖、下摆、育克、口袋、装饰，
面料纹样，色彩搭配等，均是创作的天地

彩图 9　传统职业女装风格

彩图 10　休闲风格

彩图 11　都市风格

彩图 12　田园风格

彩图 13　民族风格

彩图 14　运动风格

彩图 15　前卫风格

彩图 16　创意设计
创造性思维是服装设计最宝贵的精神
（三宅一生作品）

彩图 17　童装设计具有与成人装很不相同的法则（贝纳通）

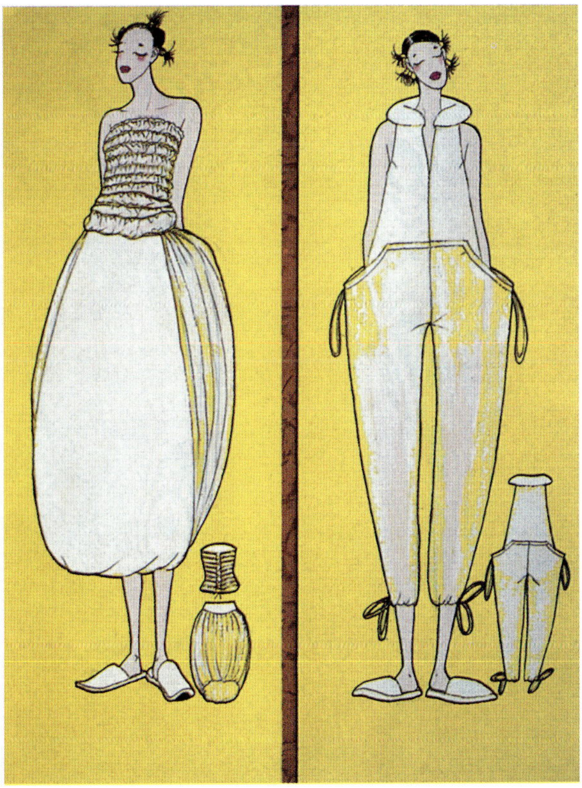

彩图 18　不同要求的学生设计作业

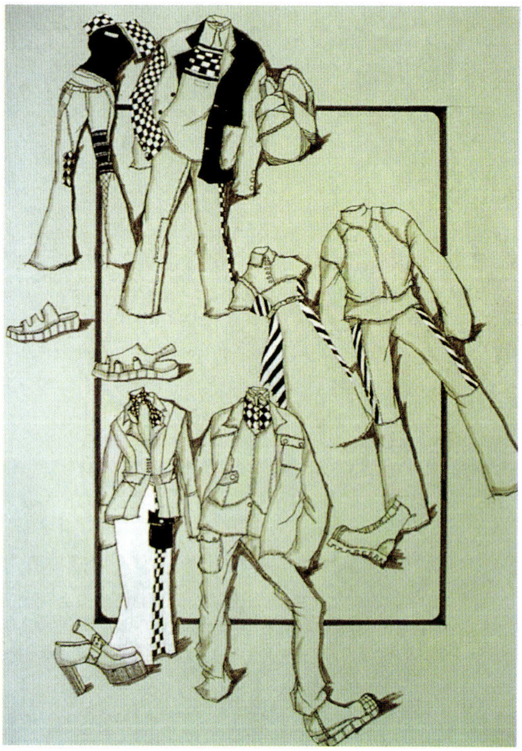

彩图 19　不同风格的学生作业

（1）

（2）

彩图 20

（3）

（4）

彩图 20　学生作品

（第3版）

高等服装专业教材

服装设计学

中国纺织总会教育部组织编写

袁 仄 等编

中国纺织出版社
http://www.c-textilep.com/
E-mail: faxing@c-textilep.com

内 容 提 要

本书着重阐述了服装设计的基本原理与技术，包括服装的造型设计原理、服装设计的创作思维、服装设计面料与色彩以及各类服装的设计技术等。本书还对时装款式流行规律和预测、服装信息的收集与分析方法等作了专题论述。本书在开阔学生视野、培养学生想象力和创造精神等方面进行了启发和引导。

本书是高等服装院校服装专业的主要教材，同时也可供服装设计人员和艺术院校有关专业师生学习与参考。

图书在版编目（CIP）数据

服装设计学／袁仄等编．—3版．—北京：中国纺织出版社，2000.6（2019.4重印）

（高等服装专业教材）

ISBN 978-7-5064-1680-1

Ⅰ．服…　Ⅱ．袁…　Ⅲ．服装—设计—高等学校—教材　Ⅳ．TS941．1

中国版本图书馆CIP数据核字（2000）第20258号

策划编辑：包含芳　责任编辑：孙　玲　责任校对：俞坚沁
责任设计：胡雪萍　责任印制：陈　涛

中国纺织出版社出版发行
地址：北京市朝阳区百子湾东里A407号楼　邮政编码：100124
邮购电话：010—67004461　传真：010—87155801
http://www.c-textilep.com
E-mail:faxing@c-textilep.com
三河市宏盛印务有限公司印刷　各地新华书店经销
1993年11月第1版　1996年11月第2版
2000年6月第3版　2019年4月第31次印刷
开本：787×1092　1/16　印张：6.5　插页：8
字数：155千字　定价：20.00元

凡购本书，如有缺页、倒页、脱页，由本社图书营销中心调换

前言 第1版

为了适应我国纺织工业深加工、精加工的迫切需要，自1984年以来，纺织工业部在所属的高等院校中陆续设置了一批“服装专业”。随着服装事业的发展，当前尽快编写出版一批满足教育及生产急需的教材和参考书，有着特别紧迫的意义。为此，在1987年，纺织工业部教育司委托“服装专业委员会”，组织一批在教育第一线工作的同志，通过集体创作，编写了第一批教学用书共七本，包括《服装设计学》、《服装工艺学》（结构设计分册、成衣工艺分册）、《服装色彩学》、《服装材料学》、《服装机械原理》、《服饰图案设计》。这套书的出版，在初步实现教育用书“现代化”和“本国化”方面是一个有益的尝试。本套书可用作纺织院校服装专业的教学用书，也可作为服装制作爱好者的自学参考用书。

《服装设计学》包括基础部分和设计部分，涉及的专业知识较广泛。由于目前我国大专院校“服装设计”的教学体系和教学方法不尽相同，教材亦可有多种编写角度。为兼顾各院校的教学特点以及文科、理科的侧重需要，本书立足于全面性与系统性的论述，在内容的精深度上可根据不同的教学要求予以充实、加强。

本书由中国纺织大学服装学院、北京服装学院、西北纺织工学院、浙江丝绸工学院合编。参加编写的各院校老师有：袁仄、苟秉志、徐青青、朱珏敏和郑健。全书由郑健主编并负责统稿。浙江丝绸工学院张小和对本书文字作了润色修改，书中彩照由张惟恢翻拍、摄影。

由于服装业发展变化快，也由于我们的水平所限，书中疏漏和不尽如人意之处在所难免，希望专家、同行和读者批评指正。

编　者

前言 第2版

由中国纺织总会教育部（原纺织工业部教育司）规划出版的高等服装院校首轮服装专业教材：《服装色彩学》、《服装设计学》、《服饰图案设计》、《服装材料学》、《服装工艺学》（结构设计分册）、《服装工艺学》（成衣工艺分册）及《服装机械原理》，出版至今已有七八年，受到高等服装院校广大师生的好评，同时也得到大批社会读者的认同。对培养高级服装专门人才起到积极推动作用。

随着教育改革的逐步深入，服装工业高新技术的应用，各类新标准的推广，对服装教材提出了新的要求。为此，我们正在编写新一轮教材。为满足教学的急需和社会的需要，我们同时组织原作者对上述教材进行修订，主要增加服装新材料、新工艺、新设备及现代服装方面的知识，并使用了最新的有关国家标准。力求使全套教材与现代社会对服装的新要求、高标准合拍。

《服装设计学》根据教学的需要，本版去掉了“服装构成的造型要素和形式法则”这方面内容，增添了一些新内容。尤其对“服装设计创作思维方法”讲述了一些较为实用的内容。分别介绍古典型、优雅型、浪漫主义、都会摩登、民族服装这些设计题材所采用的面料、色彩、图案、饰物，告知设计师如何从历史、民族、现代观念等方面挖掘时装设计的题材，使学生们从中得到启示，开阔设计思路。

希望此套修订教材能同样获得广大读者的欢迎，并恳请对书中的不足之处提出批评指正。

中国纺织总会教育部

1996 年8月

前言 第3版

在全国教育事业迅速发展的形势下，为了适应教育体制和教学改革的需要，中国纺织出版社组织有关专家对原中国纺织总会教育部组织编写的高等服装专业教材进行了修订。该套教材自90年代问世以来，受到了服装专业广大师生的好评，在广大社会读者中产生了深远的影响，对培养服装专业高等人才起到了积极的作用。但随着教育改革的逐步深入，服装工业新技术、新设备、新工艺、新材料的不断应用，各类新标准的实施，高等服装专业教材的内容已显得陈旧，亟须更新。为了满足教学的需要，我们组织专家对教材进行了修改补充，力争使教材的内容新、知识涵盖面宽，有利于学生专业能力的培养。

这套教材包括:《服装设计学》、《服装色彩学》、《服装材料学》、《服装工艺学》(结构设计分册)(成衣工艺分册)、《服饰图案设计》、《服装机械原理》、《服装生产管理与质量控制》、《服装市场营销学》、《服装心理学》、《服装英语》、《服装专业日语》等12本。希望本套教材修改后能受到广大读者的欢迎，教材中的不足之处恳请读者批评指正。

《服装设计学》一书的第3版由北京服装学院袁仄老师修改编写。

《服装设计学》在第3版修定中，对书中内容作了较大幅度的改动与修正。强调了服装设计是一个整体的设计概念，突出了创造性思维的培养；在设计内容中明确了款形、色彩、材质和细部的主要元素，并在原书基础上，对原书章节作了整合；另外，对该书插图及彩页作了大幅度更替，增添了国内、外较新的图例及部分学生作品，使本书第3版更具可操作性。

编　者

2000年

目录

绪论

服饰是借助物质手段直接美化人自身的实用艺术品，它与人们日常生活的关系甚为密切。寻求美是人类的本能，服装从创始之日起就是与美联系在一起的。随着人类的生存与繁衍、社会的演变与发展，服装也经历了从初级到高级、从原始到现代的漫长过程。

服装除了美化人体、表现人的精神风貌以外，还有商业性的特点。美的服装不单纯是可供鉴赏的艺术品，它还是一种具有实用价值的商品。服装设计的成功与否，首先要通过实用来验证，设计者需考虑服装保护生命、利于活动的功能，以及便于穿着、便于制作等因素。此外，作为商品投入市场时，设计师还负有一个把握顾客心理、引导消费和扩大销售的使命。

学习服装设计，首先必须明确设计(Design)，它是工业时代的现代经济和现代市场活动的组成部分。所谓服装设计，是指现代工业成衣化生产条件下的设计，而非作坊式的裁缝。因此，学习服装设计必须树立现代设计的观念，即把服装创作的构思、计划、传达方式(设计图)、工艺技术、营销，视作一个整体的设计概念，绝不要把设计仅仅视作在纸上画画。现代设计是设计人与设计对象的关系；是一种新的生活方式的构想；是一种新的审美趋向。作为现代服装设计师，首先应该具备良好的修养和艺术素质，有敏锐的目光和创造能力，同时也应有较好的表达设计构思的能力，掌握服装工艺技术和服装材料知识。从某种程度上说，设计师应具有艺术家的创造思维审美眼光，也应拥有工艺技术人员的科学理性和技术手艺。这些是一个服装设计学生应具备的基础。

第一章

服装与服装设计

第一节 服装的涵义

一、服装的概念

服装是衣服鞋帽的总称，通常泛指衣服。从深层涵义而言，服装是指已被传统积累固定并体现出人群特征或人的个性的衣着；是特定的功利目的和审美意念的统一体，兼有实用与装饰双重的品格。

服装是人类文化的一个组成部分。从古至今，人类为了适应不同的自然环境和社会环境，经营和培育了服装文化。这种服装文化随着社会历史的进步和生产力水平的提高，也不断地在发展和变化。远古时期，人类为了谋求生存，以树叶、兽皮遮身护体，创造了原始的服装形态；今天，人们衣着服饰的品种、形态已是琳琅满目，丰富无比。世界各民族都有其与自身社会、经济同步前进的服饰文化，服装的进化与演变反映了文明的进程和文化的发展，并组成了文明和文化中极为重要的一个部分。一部服装变化史折射出了人类文化史发展的璀璨光辉。

服装是民族文化特性与审美情趣的一种载体。在长期的历史时期内，世界上不同国家、地区、民族的人民，由于各自的社会历史、生态习性和文化背景的熏陶与影响，形成了各具特色的服装形式和服饰艺术，也形成了不尽相同的衣着审美观念。因此世界上大多数国家和民族都有传统的服装和穿着习惯，如中国的旗袍、日本的和服等等。这些形态各异的服装显示出强烈的民族特性，有些甚至作为“国服”而成了国家或民族的重要文化标志之一。

服装是一种综合性的艺术。体现了材质、款式、造型、花色、工艺等多方面的美感，也体现了艺术与技术的整体美学结构。服饰材料的质感肌理和花纹色彩，服装款式的形态特点和造型美感，都能表达出各种服装的实用功能和装饰个性，而服装制作技艺则是使这种实用功能和装饰个性得以完美显现的至关重要的手段。艺术与技术两者的协调统一，就能使服装充分展示出材料、造型、技巧等多方面的美感，从而使服装在其内涵气质与外观风貌上具有其特有的艺术形象感和美学意趣。

服装也是一门新兴的综合性学科。随着社会生产力和物质文化水平的提高，特别是现代科学技术的发展，服装材料的理化性能与外观效应，服装款式的结构造型与适体美感，裁制加工的电脑工艺技巧与配件选择，以及服装文化内涵的体现、服装流行趋势的预测、人们衣着心理的把握、市场消费动态的变化等等，都需要服装设计人员去熟悉了解并予以及时关注。时至今日，服装已成为一门涉及到美学、材料学、工程学、心理学、市场学等多种科学的综合学科、边缘学科，成为现代高等教育中的重要应用学科之一。

二、服装的起源与功用

通常人们认为服装是为了满足人类的生理需要和心理需要而产生的。服装的功用与服装文化两者相互依存、相互补充，随着人类历史与文化的发展而不断进化、不断丰富，从而造就了灿烂的服饰文明。关于服装的起源与功用，历史学家、社会学家、人类学家、心理学家从不同的视角加以探究，各有不同的诠释，形成了多种见解。例如：

保护说——人类在自然环境中生息，为了抵御外界的侵袭，诸如风霜雨雪的袭扰、昆虫鸟兽的侵扰，以及人类相互间的争斗损伤，需要用服装遮身护体、御寒防害、适应气候和环境的变化，达到自身生理保护的目的。服装成为对抗和适应自然、防护和保卫自我的产物，这是服装最基本、也是最原始的起源学说之一。

装饰、护符说——由于人类的爱美本能及宗教意识的产生，从最初用花草、贝壳、羽毛、兽皮装饰自己，或用泥土、植物的汁液纹面纹身，以及原始人将某种披挂、装饰方式与原始函数联系起来，又将衣服视为护符，祈求得到保佑与幸福。这是以服装来表达一种美好的追求和愿望，或以服装表示一种原始的信仰。这是又一种起源说。

遮羞、礼仪说——人类的道德观念以及人们交往与社会关系日渐纷繁复杂，为了保持礼节、尊严或身份、地位，服装便成为维护社会礼仪和代表人的社会属性的必要手段，于是在衣着上出现了男女之分、内外之异、贵贱之别等不同之需。这是服装所表现出的精神与社会功用的又一种起源说。

以上这些研究服装起源与功用的观点虽然各不相同，但却从多重角度阐述了服装作为一种物质生活和精神文化的积累所蕴含的多种作用，也表达了人类在服装的实用与装饰两个方面的共同要求。同时，服装起源因素的这种多元化特性还表明，要把居住在世界各地、生活环境各异的人们的服装起源，用单一的动机来解释是困难的。随着社会历史的发展，人类文明的推进及各种文化的交流、渗透，服装又不断地在宗教、哲学、政治、教育等上层建筑领域中发挥其独特的作用。现代生活日新月异，当今的服装已不再是只专注于实用性或装饰性，现代人通过服装表达自我，显示个性与风采；也通过服装来显示教养与身份，服装已成为现代人类生活中不可缺的物质与精神产品。

三、我国服装现状

我国是一个文明古国，服装历史源远流长，素有“衣冠王国”的美誉。从历代流传下来的文字资料、图形资料以及出土的实物资料，可以了解到我国服装的丰富多彩和变化发展。从战国百家争鸣时期服装的自由舒展，隋唐繁荣盛世时期服饰的开放华美，直到宋明时代衣装的规范严谨和清朝的长袍马褂、旗装一统，都反映了这一点。漫长的华夏历史，创造了中华民族光彩夺目的服饰文化。丰富的服饰历史为我们积累了丰厚的服饰文化底蕴，是我们服装设计的宝贵财富。本世纪初，在社会变革与西风东渐的影响下，我国服装的衣着款式有了明显的改变。

自改革开放以来，我国的服装正面临着一个前所未有的蓬勃兴旺的时代，我国已成为服装出口大国，服装产业的名牌工程使我国服装业步入一个新的阶段，这对有志于从事服装事业的年轻学子无疑是一个发展机遇。学习服装设计的学生要学习我国服饰文明的传统，学习先进国家的经验，结合现代社会生活实际，创造出更新、更美的服装，使中华服装艺术重放异彩。任重而道远，让我们努力奋发，开创出我国服装事业的崭新时代。

第二节 服装的分类

由于服装的形态、品种、用途、制作方法不同，所以各类服装亦表现出不同的风格与特色。种类繁多的服装，大致有以下几种分类方法。

一、根据气候和历史分类

这是依据服装的起源及演变进化的历史来对服装进行纵向的分类。国外主要有两种分类方法，即根据气候分类和根据时代分类。前者将服装分为原始、热带与寒带三类，亦称史氏(Stratz)分类法；后者将服装分为固定与时派两类，亦称缪氏(Muller－Lyer)分类法。

(一) 史氏分类法

1. 原始服装　远古时期，服装只是围在腰部的掩盖物或装饰物。面积窄小，衣服的材料简单，多为自然界的植物花叶、树皮、亚麻、兽皮等。至今某些原始部落的民族仍有这种装束。

2. 热带服装　热带服装的特点是采用较薄的面料披缠在身上，肩、臂等部位大多袒露，衣服材料一般为棉、麻等植物纤维。热带服装舒展自在，线条流畅，多折叠、皱褶，曲线造型随意。

3. 寒带服装　寒带服装的特点是将衣服紧裹身体，下部需要开衩以便于行走，形成裤子，上部有袖口和帽子。为求舒适合体，裁剪缝制的手艺逐步提高，形成今日的上衣与下裤。

(二) 缪氏分类法

1. 固定服装　固定服装是指一定历史时期所形成的服装，沿袭传统的、标志某个国家和民族的服装。它包括标志社会、地域性的服装(国家、地方、民族)与制服(军队、职业、社会团体)两大类。这类固定服装具有较强的延续性，在时间上显示出相对的恒久性。

2. 时派服装　时派服装是在时尚竞争中产生的，这种时尚追求往往由社会的上层阶层开始，他们崇尚奢华与特殊，并不断变化和翻新着服装，这种新奇别致的服装称为时装。时装的出现必然会影响、波及其他阶层的人们，于是得到广泛传播，直至整个社会。时派服装的特点是从倡导到传播并不断循环、更新，因此这类时派服装的时间周期甚短，变化很快。

二、根据基本形态分类

依据服装的基本形态与造型结构进行分类。

(一) 腰衣式

这是用布随意地系围在腰、臀部位作为遮盖，带有一定原始意味的服装。目前在热带非洲仍有一些土著民族采用这种腰衣式的穿着方式。

(二) 袈裟式

这种形式通常是用一块很大的布(棉布、亚麻布或羊毛织物)披挂在身上，只在腰部或肩部作适当系扎，是一种随意性较强的服装。这种服式起源于古希腊、古罗马，印度妇女沿袭至今的民族服装“沙丽”也是这种形式。

(三) 贯头式

这是一种缝成布袋形的服装，仅留出颈和手臂，穿着时贯头而入，因而又称为“套头衫”。这种服装起源于古美索不达米亚地区，至今仍是较普遍的衣着，如西欧式的内衣衬衫、中东和阿拉伯地区伊斯兰教徒的民族服装——宽条大袍等。

(四) 东方式

这是寒带和热带样式综合、混同的形式，它有衣袖结构宽松随意的特点。中国、日本、朝鲜等地的民族服装均属此类型，虽然剪裁采用简单的平面结构，但以人体为中心，基本的形态为长方形。

(五) 窄衣式

这是由寒带地区产生并逐步形成的现代服装形式，造型合体、紧身，裁剪缝制较严格，能较好体现人体特点，为现代社会所接受。

三、其他分类

依据服装穿着组合、穿着用途及面料、工艺的不同进行分类。

(一) 按穿着分类

不同品种的服装有其特定的穿着形式和组合形式，这种形式随着时间的推移，已为人们普遍接受并得到认可，从而形成了各种服装较为固定的风格与样式。

1. 整件装　上、下两部分相连的服装，服装整体形态感强，应用广泛。日常穿着的各式连衣裙，以及华美的夜礼服即整件装。

2. 套装　分上衣与下装(裙或裤)的衣着形式。有两件套(外衣、裙或裤)、三件套(外衣、背心、裙或裤)、四件套(大衣、外衣、背心、裙或裤)等等。套装的正统概念应该是使用相同的面料做上衣与下装，也可使用质地与色彩相呼应的不同面料，它们可以配套穿着，也可各自独立与其他服装组合穿着。

3. 外套　这是穿在衣服最外层的服装。根据不同需要，外套可长可短，面料可厚可薄，单的或夹的，棉的或皮、毛的。外套的品种繁多，有大衣、风衣、雨衣、披风、短外套(派克装)等。

4. 上衣　指穿在内衣外面，长度至腰、臀部位，可作外衣的上装。上装的品种范围从衬衣到短茄克，从工作服到礼仪服装，形式变化多样，穿着普遍。

5. 背心　这是穿至上身的无袖服装，通常短至腰、臀之间，为略贴身的造型。背心一般穿在衬衣外，并与套装配合穿着，其面料及色彩须与外套和裙(或裤)相同。此外，背心也可作功用性的服装。

6. 裙　裙是遮盖下身的服装，按面料分有呢裙、皮裙、绸裙、布裙等；按形状分有一步裙、A字裙、圆台裙、裙裤等。裙是人类最基本的服式，也是女装设计中变化甚多的品种之一。

7. 裤　这是从腰部向下至臀部后分为裤腿的衣着形式。穿着时行动方便，是服装中的大类品种之一。裤按腿的长短部位分，有热裤、短裤、中裤、长裤；按造型分，有灯笼裤、窄裤、喇叭裤；按功用分，有西装裤、工装裤、田径裤等。

(二) 按用途分类

日常的服装包括内衣与外衣两大类。内衣紧贴人体，起护体、保暖、整形的作用；外衣则由于穿着场所不同，用途各异，品种类别很多。

1. 社交服　这是在社交场合穿着的礼仪性服装，如礼服。西方风俗的礼服又分日礼服与夜礼服等。社交服的形式是套装或连衣裙，社交服的面料高档，设计需符合着装人的身份、体态和风度，服装装饰得体，工艺精致。

2. 职业服　是某个团体或工种的具有标志性的服装，包括工作服、制服、军服等。从服装的实用功能与象征功能出发，面料、色彩、款式、板型的选择，以及装饰标志都代表了某集团、工种，能反映不同的职业特色。

3. 运动服　是体育活动时所穿的服装，可分为竞赛服和活动服两类。竞赛服要适合不同竞赛项目的运动特点，而且还要有代表参赛团体的标志。如田径服、旅游服、网球服、体操服、花样溜冰服等。活动服既是人们进行一般性体育活动时的衣着，也逐步成为时尚服式。

4. 家居服　指在特定场所、时间穿着的服装。一般仅限于室内穿而不宜进入公众场合，如睡衣、浴衣、晨袍等。

5. 舞台服　也称演出服，它是根据剧目的需要，或是强调演员个性与风格而设计的一种展示性服装，常以独特的装饰来达到令人惊叹的强烈效果。

(三) 按面料与工艺特色分类

1. 中式服装　这是指中国传统的服装，它在服装的造型、剪裁方式上与西服的制作方法不一样。尤其是工艺技巧，包括镶、嵌、滚、荡等独特技法，以及服饰配件如盘花结扣等都富有中国传统手工艺的特色。

2. 刺绣服装　施以绣花工艺的服装，日常穿着的绣衣可分为手绣和机绣(电脑绣)两种。此外，一些重绣服、珠绣服及戏剧绣服等，因绣制精细繁复，已属于手工艺品的范围。刺绣服装采用的绣法丰富多样，有平绣、拉绣、雕绣、刻绣、立体绣、十字绣、贴补绣等。

3. 呢绒服装　这是以厚重的呢绒、毛质面料制作的服装，分男装(硬活)与女装(软活)。呢绒服装除在裁剪时需特别准确严谨外，还要通过工艺上的归拔、熨烫、手工针缝等技法进行服装的造型，缝制也很细致讲究。

4. 丝绸服装　丝绸服装亦称为“薄料”，这是指一切高档次的薄型、柔软的真丝绸或仿真丝绸服装。

5. 棉布服装　它包括棉质或棉与化纤混纺从薄型到厚型的布纹织物的服装，以家居服和工作服为主。棉布服装的社会需求量很大，从内衣到外衣，服装种类繁多，特别是近年来牛仔裤的流行，使棉布服装更有生命力。

6. 毛皮服装　毛皮服装分为裘皮和皮革两个类别。裘皮服装又称皮草，剪裁缝制有特殊工艺。皮革服装是采用动物的皮制成光洁或起绒的革，再缝制成衣，皮革服装在选材、剪裁、拼接时有其特殊的要求。

7. 针织服装　这类服装包括由针织面料裁剪缝制的服装、横机编织的服装以及手工编结的服装等。针织服装采用的原料有羊毛、化纤、棉、丝或各种纤维的混纺线。品种包括内衣、外衣，十分丰富。针织服装具有特殊的伸缩性、保暖性与透气性，穿着舒适合体，因而在服装界越来越显出它的重要性。

四、其他

除上述几种服装分类方法外，服装也常按性别、年龄、民族、特殊功用等方面，对服装进行分类。

按性别分类，有男装、女装；

按年龄分类，有婴儿服、儿童服、成人服(青年服、中老年服)；

按民族分类，有本民族服装及少数民族服装，如汉族服装、藏族服装、墨西哥服装、印第安服装、爱斯基摩人服装等；

按特殊功用分类，有耐热的消防服、高温作业服、潜水服、飞行服、宇航服、登山服等。

了解服装的各种分类方法以及不同服装的性能特点后，可以使我们明确有关服装的设计目的与要求，正确选择面料、辅料，并采用适当的结构造型和缝制工艺去圆满地完成设计构想。

第三节 服装设计的基本原理

一、服装设计的目的

服装设计的对象是人，它是美化、装饰人体，表现人的个性与气质的一种手段。因此，服装设计的第一目的是：适合功能，美化人体。要满足衣着功能，同时按照扬长避短的原则，用服装与饰物来美化衣着者的形态，更好地展现体态气质。

从宏观上看，服装设计不是个体行为，而是现代工业的成衣设计概念。应着眼于社会各阶层人的衣着。因此，服装设计须包括以下几个方面的思考：如穿着的对象、场合、时间及穿着的目的，还有加工条件、市场情况、人们消费心理及流行趋势的分析等诸多方面的问题。

（一）对象

对穿衣人的研究，对不同的年龄、职业、社会地位、文化教养、生活习俗的人进行系统的归纳分析，是服装设计的定位问题。继而，在对人体各类体型特征进行数据统计的基础上，制定出各种规格尺寸；同时结合人体工程学方面的基本知识，设计出结构科学、适体并符合人体各部分活动所需的服装。

（二）时间

时间的概念对服装设计来说十分重要。设计必须走在时间的前面，以符合人们的消费心理，引导人们的消费动向。设计的时间概念一般分春夏和秋冬两季。

（三）地点、场合

不同的环境和场合有不同的需求，如婚丧礼仪等特殊场合对着装的要求也不一样。凡此种种，均需要相应的服装来适合这些环境与场所。

（四）经济

成衣化生产是当今社会的普遍现象，经济效益也就成为检验设计好坏的因素之一。因此，服装设计人员必须认识到经济核算的重要性，使服装在求新、求美、求舒适的同时，也求得较好的经济效果。

（五）市场定位

服装是商品，由于市场经济的发展，服装的品位、价位、针对性越来越强，经营方法与经营手段也越来越多样化。每一个品牌有它的商业形象和消费对象，因而每一个品牌都具有自己独特的风格。从衣服到一切服饰品，使品牌成为某些衣着者的形象标记。名牌工程是当今中国服装业的重要举措。在市场经济中，优质的产品才能参与竞争。

二、服装设计的特性

服装设计作为一门综合性的实用艺术，在总体原则上，具有一般实用艺术的共性，但在内容与形式上，在设计手法上，又有其自身的特性。因此，必须了解和掌握服装设计的一些特性，在实践中运用这些特性。

（一）服装与人体

服装是以人体为基础进行造型的，它被设计师们称为“人的第二层皮肤”。因此，服装设计与一般的实用造型艺术，如建筑、家具等的设计相比较，在款式上的变化幅度不可能很大。服装必须以人体为依据，受到人体结构的制约。无论是固定的服装或是时尚的服装，无论是体形型或是样式型，不同种类的服装纵然有千变万化，但它们都必须具备服装的基本形式。

各式服装在保持御寒护体的适应功能同时，必须注重装饰美化功能，并不同程度地体现出人体的一些形态特征与美感。做法则是彰显人体美，如西方人穿着的晚装礼服，袒露肩、胸部，并添加许多炫耀性的装饰。

无论是表现人体美，或是减弱整体感而夸张某个部位，服装设计均不能离开人体。服装是一种靠人体穿着和展示才得以完成的艺术品，因此，服装设计必须依靠人体，同时又被人体所制约。

（二）服装与审美

服装上潜在的装饰动机是人类对美的执着追求的表现，也是艺术创造的动力所在。人类学家和心理学家认为，装饰动机是人类服饰起源的原始动机和基本动机。从古至今，世界上有不穿衣服的民族，但是没有不装饰自身的民族。无论是原始人那种野蛮的装饰，还是封建社会繁文缛节的衣饰，其基本动机乃是一致的，即美化自己。文明人与野蛮人在装饰自身这一点上，只有方式的差异，而无质的区别。因此，服装样式的千变万化，服装流行的无穷更新，正是人们审美心理与时髦心理的反映与寄托。

服装审美的基调在于多样化的统一，内容丰富而有条理的整体美，即变化而统一、对比而协调。这个原则可以泛指各个历史时期服装审美的标准。

（三）服装与经济、政治

社会经济是一切上层建筑的基础，服装的大量需求也促进了生产水平与科技水平的发展，使制衣业更趋机械化、成衣化。机械生产与成衣的标准化在价格上、品质上能体现社会物质文明的程度，但也给服装设计带来一定的制约，即不能像手工制作那样随心所欲，而应考虑到在批量生产服装时选料、裁剪、缝制、整理诸多方面的程序、规范和标准化问题，以便快速、大量地制作。

社会上的政治变化会影响到人们的衣着心理与方式。政治的开放与经济的兴盛使人们着意于服饰的精美华丽与多样化的风格，政局变动与战争又使人们脱下多姿多彩的衣饰而穿上朴素的军装或军装式的套装。本世纪以来，两次世界大战所带来的政治上的变化，同样也波及到服装界，给服装带来了巨大的影响，一些流行了几百年的款式遭到完全摈弃，而代之以面貌与观念令人一新的服装；同时也造就了一批风格各异的时装设计师，如夏奈尔（Gabrielle Chanel）、迪奥（Christian Dior）便是20世纪中期出现的杰出的时装设计家，他们的设计风格至今仍在服装界颇具影响。

（四）服装与社会心理

服装是社会与个人联系的纽带，它既要实现个性、表现自我，又要被社会大多数人认可。许多心理学家认为，一切合乎社会道德的行为都是因“他人”的态度而发生的，时髦的矛盾就在于每个人试图与人相同，同时又试图与人不同，既新奇而不可笑，突出个性又不孤傲。正如法国人所说的：“时髦的秘密就在于从方法到目的，从服装到环境的完全适合”。服装设计要巧妙、恰当并及时地把握这种心态，以适应人们个性和社会心理的需求。社会的不断进步，使人们的思想产生了不断的变化与飞跃。例如，过去的女性多数只在家庭的圈子里活动，而今日的妇女已走向社会，并从精神上、心理上要求男女社会分工的均等。

（五）服装与文化、艺术

各民族文化的历史延续，深深扎根在人们心底里，因此，不同文化对服饰的影响是巨大而无所不在的。文化包括人类所创造的物质与精神财富的总和，具有丰富的内涵，而其中的民俗与生活方式则直接影响到服装的功能与需要。东西方民族各自不同的历史与文化，带来东方与西方在服饰上的差异。总体说来，东方的服装较为含蓄、雅致，而西方的服装较为严谨、性感。此外，各种文艺形式，尤其是艺术思潮也会对服装产生巨大的影响。各种艺术流派和艺术思潮，明显地或不被觉察地影响了服装的变化而形成流行趋向。

通常说来，各国、各民族的服装是立足于各自的传统与历史的演进，并吸收其他国家与民族的精华，从而形成了自身独特的服饰文化的。民族服饰文化是人类文化的宝库，也是现代设计师的创作灵感之源。吸收与继承发扬民族服饰文化，是当今设计师的责任之一。

第二章

服装设计的创作思维

严格意义而言,设计重要的是思维上的创造、创新,而不是描绘。

设计创作是设计师思想的产物。对于同样的题材与主题,人们依照各自的认识水平和艺术修养从事创作,从而产生出绚丽多彩的艺术作品。任何设计作品都体现了创作者的思想,而思想又指导着整个艺术创作过程中的思维活动。

服装设计是艺术创作与实用功能相结合的设计活动,设计者必须具有充分的创新思维能力,才能从日常司空见惯的服装形式中创作出更新、更美的服饰来。

服装设计一般是先有一个设想,然后收集资料,确定主题,进行构思。设计者要通过材料的选用(面料、辅料),色彩的构想,结构尺寸的确定,以及裁剪、缝制工艺的制定等周密严谨的步骤来完善构思。只有在构思成熟后,动手制作才能一气呵成。同时还应牢记服装是给人穿着的,人是衣服的主体。因此服装设计需对构思所酝酿的穿着效果与形象有深思熟虑的预想,使最终完成的作品通过衣着者发挥其全部的光辉。

服装设计的创作构思和一般的艺术创作活动,既有共性,又具个性。其共同点是它们来自生活,来自创作者的思想指导,同时,创作都包含有构思与表达的两个环节。不同之处在于艺术创作相对有更多的独立性和主观性,而服装设计必须通过生产环节与市场销售才能体现其价值,带有较多的依附性和客观性。由于服装设计的创作活动需要依赖人体,依靠纺织材料和加工生产相结合,所以在创作构思中,必须兼顾到这些必要的限制。

第一节　服装设计的构思

一、构思的方法

服装设计有别于纯艺术性的绘画或文学创作,服装设计首先应考虑到其机器生产和市场销售的属性,我们所言的设计并不是作坊式小生产者的服装劳作,而是立足于现代工业化成衣生产的基础上。

构思的方法因人而异,无一定模式。例如:有的人是先有设想,再去选择面料和辅料,然后逐步完善构思。也有人从面料的风格与特性中引发出新的构思,如涂层压塑布料硬挺而有光泽的外观,使人联想到太空人,从而简洁的几何形结构的造型便会在设计师头脑中产生。通常设计者可将面料挂至人台,或披在模特儿身上,在静态和动态中观察面料的造型,启发新的构思。引发构思的途径是多方面的,可从结构造型上、面料花色上、服装工艺上、装饰手法上产生种种新的构想,甚至一粒纽扣、一个饰件都可触发出构思的火花。

服装设计是一项内在的思维活动。由于各人对生活的观察不同,工作经验有别,知识、审美趣味和艺术修养不一样,因此设计的水平、风格、品味、手法有所不同。服装设计大师们在设计中善于观察,具有处理面料与人体关系的丰富经验,加上独特的审美趣味,他们的设计往往在平凡中显出特色,蕴含着超群的魅力。因此设计人员在掌握专业知识技能的基础上,应拓宽视野,提高艺术素养;同时要注意观察生活,积累实践经验,使设计构思日臻丰富、成熟、完美。

服装的种类繁多,不同的服装涉及到不同的面料与工艺,衣着功能不同,对设计的要求也各具特点。男装、女装、童装、正装、休闲装等的设计要求各不相同,因此,服装设计是一种包容广泛而复杂的艺术创作,设计者不可能类类精通,面面俱到。设计者如能根据个人特长与优势进行设计、发挥,构思便可顺畅自如,得心应手。

服装设计的构思是一种十分活跃的思维活动,这种思维活动可能是有意识的、清楚的,或可能是下意识的、不清楚的,也可能是由不很清楚到十分清楚。构思通常总要经过一段时间的思想酝酿而逐渐形成,也可能由于某一方面的触发,激起灵感而突然产生。不论构思来临是渐进的或是突发的,都不能仅仅依靠冥思苦想而取得。构思必须寻找启发,或是从自然的观察、体验中发现素材,或是从对他人作品的研究、分析中获取感受,或是从具象思维和抽象思维中接受影响和启迪。总之,自然界的花木鸟兽、大漠山川、风云变幻、历史遗物,文艺领域中的绘画雕塑、音乐舞蹈、文字戏剧,社会生活中的一切都能给以无尽的启示。设计者在构思创作时,思路要活跃、自由,不要自我限制。如有多种构思方案,可将不同的构思效果勾勒在草图上,然后进行比较、思考、选择,使构思不断深化,从中优化出最佳的构思来。

二、构思的过程

(一)设计定位

服装的主体是人,设计首先要明确为什么人设计。这一指导思想要始终明确。

设计的目标与对象是不同年龄、文化、地区、习俗的人,他们对服装有各自的要求,设计方针应因人而定,这是基于具体衣着对象的一种了解与把握。有青年、老年、少年儿童几个年龄层次。一般而言,青年人对新事物敏感,衣着崇尚新颖独特,因此时髦流行的服装设计符合他们的需求。老年人大多较注重面料质地、色彩的精致优雅,剪裁缝制的大方得体,服装的设计构思以达到既不落伍而又有风度的效果为好。定位的关键在于消费层,不同年龄层有不同风格、不同品味的喜好;再则,设计应创造一种时尚风貌,突出品牌的个性,最终以市场的需求为设计的定位。

服装设计的是产品,必须满足其消费层的爱好以及在产品品质、价格、档次上的不同要求,这是面向广泛的社会衣着需求的一种探究与审美创作。

(二)设计主题

设计首先是一个总体的概念,包括主题思想,流行趋势,风格特点等。而动手画稿则是概念的具体化。

国际时装界十分注重于时装设计主题的发布,世界设计师往往在这些主题的指导下,进行款式、色彩、面料和图案的创新探索,从而不断推出新款服装。此项工作包括:寻求灵感,提出主题,明确概念,制订设计要点,选择面料、图案与色彩及服饰配件,协调整装效果。例如创作“都市节拍”主题,具体步骤大致如下。

1. 寻求灵感　繁忙、豪华的大都市里,日间白领男士与小姐,身着讲究的套装,匆忙地出入办公大厦、银行、华丽的酒店大堂。他(她)表现得十分自信利落,匆忙中不失有礼的风度。环绕这个主题的是现代大都市的繁华生活，而简洁利落的线条，一流的选料及做工——是一种时尚的国际品味。

2. 时装概念　亲切、高雅大方的传统中结合时髦的、潇洒的设计。

3. 设计要点　新款的经典套装，十分注重轮廓的造型以及流行线形的变化，例如：肩型的变化,腰线的弧度及腰位的上下变化,臀位衣摆的宽窄造型等等,均需精心的设计,配以经典的剪裁及精湛的车缝工艺。

4. 面料选择　新颖的流行面料也是决定设计成败关键之一。通常使用高级精纺羊毛面料，肌理条纹感的粗薄花呢等等,使不同程度的色调把硬朗的剪裁变得柔和起来。

5. 色彩图案　都市型套装以素织物为主，但也常使用隐暗不规则的条形或肌理感的织物，以及黑、白、灰条格图案、朦胧抽象图案。色彩有以简单直接、充分表现自信的米白、濠色、燧石灰、石墨。

6. 服饰配件　配件色彩需与衣装色彩协调，可选用高档丝巾、绢花及工艺精致的金银项链、挂链、珠宝扣针等,不论仿古的或现代的都很大方,但使用一至二件为宜,多用则滥。

7. 整体协调　饰物应与衣装的色彩统一协调,诸如此类的协调、统一、变化、对比、节奏等艺术法则均是整体协调的要素。

(三)构思表达

服装构思表达方法与绘画不同。绘画是通过各种工具、材料将构思表现在布上、纸上、墙上或其他材质上,如油画、国画、壁画、版画等等,绘画是平面的,通过视觉可感受它、欣赏它。而服装的构思须经过制作,成为衣服后穿在人的身上。各种不同质地的面料(如棉、毛、麻、丝绸),各种色调和图案(如浓郁的、明亮的、豪放的、优雅的),与人体组合后便构成了立体的、活动的、并具有韵律的艺术品,人体美与服装美相互融汇,会在视觉上产生强烈的艺术感染力。因此服装设计构思包括两个方面,一是平面的效果,用绘画来表达设计意图;二是立体的效果,通过裁剪、缝纫工艺制作成成衣,最终是服装供人们穿着以检验设计的优劣。

具体说来,服装构思表达有以下几个环节。

1. 艺术构思表达

(1)绘画表达:构思草图,绘制服装效果图、平面结构图。这一环节注重于色彩的设想、运用以及绘画的技法及表达能力。

(2)材料选择:面料质地、花纹、色彩和风格的选择;面料服用性能的测试,如缩水率、张力、悬垂性等;辅料的选用,如有纺衬、无纺衬、热定型衬、附加衬等;配件的选用,如纽扣、拉链、扣襻、花边、绳穗、缝线、商标及各类垫肩等。

(3)装饰效果:各种褶裥、细皱、拼接、缉线、刺绣、钉珠等平面或立体的装饰,此外还包括附属的配件装饰等。

2. 构思实物表达

(1)剪裁:平面剪裁,立体剪裁。

(2)工艺缝制:量体,成衣生产流水线缝制,手工艺继制。

(3)市场要求:不同的档次要求和品质要求,成本价格的核算。

3. 其他　设计构思除上述具体环节外，还应具备一些与服装有关的知识，如企业形象理论、CI战略、服装心理学、服装营销和中外服装史及服装新科技。

第二节　服装设计的风格

时装是极具流行性和时间性的产品。它们不时被淘汰翻新，并不时地受到社会、科技、新艺术观的影响，时装应是具个性与时代感的产品。风格独特的设计是每位设计师必须具备的素质，也是服装学子应予培养的能力。因而设计师们从地球的每个角落，从历史的每一个时刻，从艺术的每一个主义去寻找挖掘灵感。例如：设计师们从非洲的旅游指南寻找各种原始的文化与装饰；从往昔的小说插图、祖父母时代的旧照片寻找浪漫情怀；以及从结构明朗简洁的后现代建筑物等去寻找设计灵感。另一方面，轻柔动听的乡村音乐，经典的苏格兰毛线编织，以及华贵典雅的旧式酒店，都具有浓厚的质朴感和线条美，亦是设计师汲取灵感的来源。时下年青人的逆反心态，对于过分严谨和谐传统的风格不表示兴趣；而标榜反叛不羁、反映社会民生的标语和标志，“语不惊人誓不休”的各种装束，都被纳入潮流，成为街头时尚。总而言之，生活便是灵感的源泉，从历史、从民族、从现代观念等均可挖掘时装设计的题材。

设计风格大致有以下几种。

一、传统风格

一种源自欧洲工业革命并流行于现代社会的“上班族”传统装束。男装、女装有约定俗成的样式搭配。如男西服、大衣、女西式套装等均属此列。通常这类服装具有严肃、典雅、拘谨、高贵等风格。

二、都市风格

具有现代大都市生活方式的典雅、浪漫的风格，色彩素雅沉着，品味或端庄、或俏皮、或活泼，通常线条简练，装饰得体。

三、休闲风格

这是20世纪末以来的流行潮，摆脱传统、拘谨、严肃的服装样式和相对沉闷单调的色彩。款式多样，设计的线条活泼，细部丰富俏皮，色彩多变，艳色与素雅色彩并存，给人一种轻松、祥和的感觉。

四、前卫风格

通常以一些大胆，甚至怪异的设计招摇过市，设计新奇，用色大胆，包括穿着上的不拘一格或有意与众不同。前卫风格中亦有不同倾向，有强弱之分。有特别超前的如80年代流行的“鬅克”(Punk)，也有以街头时尚为特征的前卫风格。

五、田园风格

恰是与都市风格相悖，即以传统农耕生活下的织物服饰为追求目标，以传统织物、纹样、图案为素材，通常以棉布、麻布的自然花卉图案的连衣裙为典型代表，具有一种恬适、平静又可爱的风格。

六、运动风格

依运动类服装作为追求的风格，这与现代人越来越追求自身健康、厌倦刻板的生活方式相符合。人们从运动服装的形式移植到日常生活，使服装不拘谨、不刻板、色彩丰富，给人一种年轻、朝气、轻松的感觉。

服装设计的个人风格是在时代风格、民族风格的前提下形成的；而时代风格、民族风格又是在一定历史时期中，由个人风格聚集而成。

服装设计的时代风格是在一定时期内，受到社会、政治、经济、文化的影响而产生的。如历史上的巴洛克、洛可可风格，新艺术运动风格便是一例，20 世纪的社会震荡、战争或 60 年代青年运动思潮都在服装上打下烙印。现代时装设计常受绘画、音乐、戏剧等艺术的影响，使时装表现出一种向新时代尖端急进的艺术风格。如“未来主义”，常以宇宙、科学为题材。服装设计强调形式感与整体效果，在视觉形象上给人以强烈的创新感受，夸张的造型，闪光的涂层面料，尖硬的几何形图案，以及冰冷的金属、石块色彩，形成了现代服装设计的风格特性。

生活在世界不同国家、地区的许多民族，在长期历史过程中，逐渐形成了具有各自特点的服饰形式。这种服饰形式具有浓郁的地方特色和民族风格，如东方风格、牛仔风格、西班牙风格、爱斯基摩人风格等，风情各异的民族服装使服装世界五彩纷呈，倍添意趣。

现代服装设计取材广泛，设计灵感大多来自世界各民族的服装形式，取其精华与象征性，结合现代的审美观和功用性，使服装设计体现出了一种新的民族风格。尤其在世界后现代主义设计潮流的影响下，民族服饰风格愈来愈受到服装设计界的重视。

服装设计根据时代的审美需求，将民族服装的特色揉合于现代设计中，是对民族风格的发扬与创新。这种民族风格的时装在每次兴起、流行、衰落的回旋中，都注入了新的时代内容和时代风貌。

服装设计师常在设计中表明自己的独特审美观念和创作个性，创立自己的思维形象和工作作风，从而形成了设计师的个人风格。由于有了众多设计师及其各具特性的设计风格，使时装舞台上呈现出百花齐放、多姿多彩的景象。本世纪以来，许多国际时装大师以其卓越的设计才华和独特的设计风格而盛极一时，并在时装的发展历史中产生了深远的影响。

20 世纪最具影响力的设计师中如：夏奈尔(Gabrielle Chanel)有“时装女王”之称，她的作品线条简洁且具有很强的实用性，在服装比例和均衡的处理上功力深厚。以她名字命名的“夏奈尔”套装数十年盛行不衰，苏格兰粗呢配以黑白犬牙图案，美丽得体；金属纽扣、长项链以及金属与珍珠结合的腰带，更显精致典雅。在色彩运用上以深暗及中性色调见长，显示出华贵而令人兴奋的特点。

迪奥(Christian Dior)是一位擅长于研究时装轮廓线的造型，讲究比例与均衡的时装设计大师，体现女性的身姿和时装的线条是他的独到之处。他相继推出新外型(New Look)及 A 型、H 型等，将服装的外轮廓与内结构有机地结合在一起，完成了优美的服装造型。

圣洛朗(Yves Saint Laurent)的设计受绘画的影响较多，以绘画的求新精神从事时装设计。他十分推崇欧洲传统的古典优雅，选料精致，造型挺括而富有弹性，线条简洁而显彰身段。他的设计形式虽然多种多样、富于变化，但都兼具温柔妩媚与洒脱硬朗的风格。

三宅一生(Lssey Miyaki)是在欧洲时装界成名的日本设计师，他的时装设计具有强烈的绘画与雕塑的特点，被人们称为软雕塑。他在设计中常采用日本的丝、麻织物和硬挺的面料，使服装造型显得奇特而别致，其松散式的形态与穿着结构富有日本民族服装的风格。

第三节　服装设计(效果)图

服装设计需要良好的美术基础。除能正确掌握人体的比例、造型和动态，将时装模特的姿态画得仪态优美、生动传神外，同时还应将服装的造型、结构、动态、面料质地、图案色彩以及预想的穿着效果，较真切地画出来。这些都要求设计者具备绘画的技巧与基本功。

服装设计中的绘画形式有两类，一类是时装画，一类是服装设计图，或叫服装效果图。时装画属商业性的绘画，包括时装广告画、时装宣传画、时装杂志插图等。时装画着重绘画技巧，强调气氛和视觉效果，既可画得精细逼真，也可用写意或夸张的笔调表达服装的神韵，风格多样，在此不赘。服装设计图则是服装设计构思的一种图示形式，目的是传达作者的设计意图。

一、服装设计图的作用

服装设计图是表达服装艺术构思和工艺构思的效果与要求的一种绘画形式，它是设计构思中至关重要的环节。

服装设计图强调设计的创意和服装的具体形态。设计师将新款式服装准确、生动地描绘出来，供服装厂商和打样技师参阅，使他们能根据设计图所提供的预想穿着效果，较有把握地选订和打样。因此，服装设计图应该达到画面效果与成衣效果的一致，否则，将无法传递设计师的创作意图与预期的款式。

良好的设计图更主要的是能使打样技师与缝纫车工能按照设计意图和要求，制作出样衣。为此，绘画设计图时必须对成衣胸有成竹，对设计中的服装各部位造型、尺寸及工艺要点，都需准确把握，使成衣在艺术上和工艺上都能完美地体现设计构思。

二、服装设计图的内容

一般而言，服装设计图包括三方面的内容，即服装效果图、平面结构图和相关的文字说明。

(一) 服装效果图

服装效果图是以写实的手法，准确地表现着装的效果。一般采用 8～9 头身的比例，以取得优美的形态感。服装的轮廓造型、衣服的褶皱感与下垂感等要画得自然生动，接近成衣的效果和穿着效果。一些设计的新意和要点，可在人的动态上加以强调，或在绘画上作些夸张以吸引人们的注意。例如强调肩部造型和贴腰造型的设计，可画半侧面形体，以手叉腰，突出肩部、腰部和臀部的刻画；而脸部、头发、手、脚等则不必过于仔细描绘，只要姿态生动、正确即可。

服装效果图的构图可以是单独一人，也可以多人形成一个系列，视服装款式而定。模特的姿势以站立为好，同时手、脚略分开，重心落在一只脚上，强调人体的 S 形形态。在这样的构图中，衣服长短与人体的比例是否适当，服装的垂感与轮廓造型是否有新意，以及人体着衣时服装最重要的部位——肩、腰、臀三围曲线是否优美等等，均可以让人一目了然。

(二) 平面结构图

平面结构图是将服装的平面形态画出来，其中包括衣服各部位的比例，以及衣服的内结构线，如袖形、领形、开刀线、袋、门襟、纽扣、拉链等等。如有暗藏的袋、复杂的结构或特别的设计、装饰，则可用旁附图示明。最后标明衣服的主要尺寸，并贴上所选的面料标样。

(三) 文字说明或附面料小样

在服装效果图和平面结构图完成后，还应写上必要的文字说明，如设计意匠，工艺制作的注意事项，面料、辅料和配件的选用要求，最好附以面、辅料小样，更能直观了解作者的设计。

三、服装设计图的一般方法

服装设计(效果)图常采用线条勾勒出人物着装形象，然后辅以水彩画、水粉画的形式表现；此外，也可用粉笔、油画棒、彩色铅笔、彩色水笔、毡笔等多种工具进行绘画。通常为取得最佳效果，可以几种工具同时运用。如画的主体用水彩画法，衣服上的图案用彩色铅笔略为描绘，最后以钢笔勾勒，使画面结构清晰，关键之处需交待清楚。

服装的平面结构图应准确工整，各部位的形状、比例要符合服装的尺寸规格。一般要以单色墨线勾勒，线条正确流畅，整洁规则，以利于服装结构的如实表达。

第三章

服装的造型设计

第一节　服装外形线的设计

服装设计包括款式、面料、色彩三大要素，其中款式设计即指服装外形的变化。服装外形的变化是最具时代特征的。设计者在创作服装款式时，对服装造型的塑造，首先应该把握住外轮廓的形态。

一、服装外形线的特性

外形线亦称轮廓或侧影，英文叫 Silhouette，在许多英语服饰辞典里，往往将各类服饰归类在 Silhouette 或 Line 里，也说明外形于服装款式是何等的重要。

物体的外形能给人以深刻的视觉印象。外形主要涉及的是物体的边界线，美国的美学理论家鲁道夫·阿恩海姆在其著名的《艺术与视知觉》中精辟地提到："三维的物体的边界是由二维的面围绕而成的，而二维的面又是由一维的线围绕而成的。对于物体的这些外部边界，感官能够毫不费力地把握到。"服装作为直观形象，呈现在人们视野里的首先是剪影般的轮廓特征——外形线。服装外形线不仅表现了服装的造型风格，也是表达人体美的重要手段。因此，外形线在服装款式设计中居于首要的地位。

图 3－1　迪奥的 A 型线

服装外形线不仅是单纯的造型手段，而且也是时代风貌的一种体现。纵观中外服装发展史，可以看出服装外形轮廓的变化，其变化蕴含着深厚的社会内容。第二次世界大战时期，女性穿着俭朴，带有军服型的痕迹，时兴平肩的短裙装。随着战争的结束，法国设计师迪奥（Christian Dior）的新造型（New Look），以女性细腰宽臀的优美外形轰动欧美，一扫战争的阴影。1955 年，迪奥再次推出 A 型线造型，以细腰大裙的外形轮廓充分展示了女性的曲线美，在当时的服装界名噪一时，被称为是"巴黎深孚众望的线条"（图 3－1）。

时装流行最重要的特征在于外形线的变化，如 20 世纪 50 年代的帐篷形，60 年代的酒杯形，70 年代的倒三角形，70 年代末、80 年代初的长方形，宽肩、低腰、圆滑的倒三角形等（图 3－2）。由

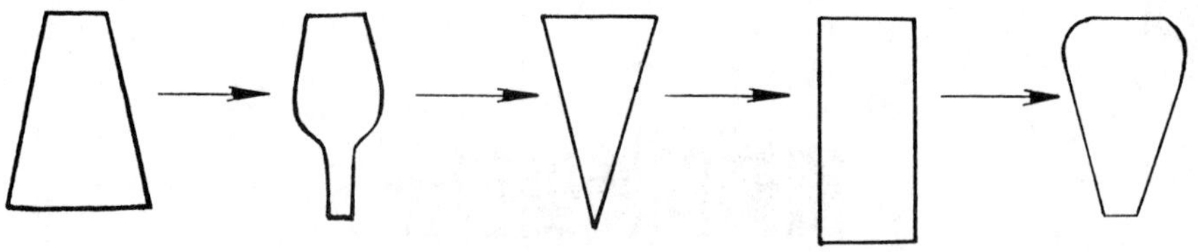

图 3－2　外形线的流行变化

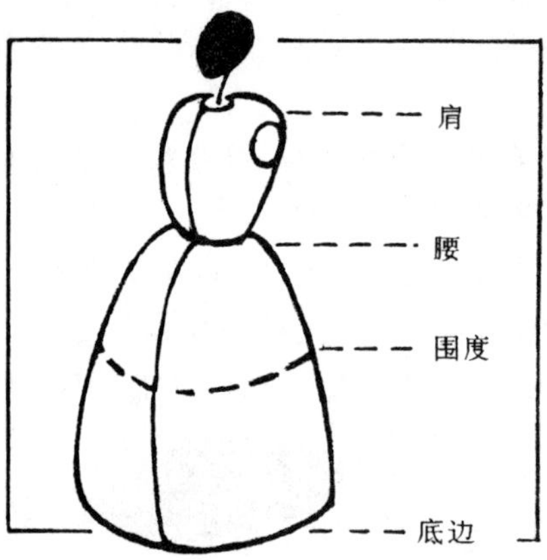

图 3－3　外形线变化的主要部分

此可以看出，流行款式演变的鲜明特点即是轮廓线的改变。每一季时装外形线的变化，哪怕极为微妙，也能引导世界潮流使之流行。因此，时装设计师可以由外形线的更迭变化，分析出服装演变发展的规律，进而预测未来的流行趋势。

二、决定外形线变化的主要部分

服装造型离不开人的基本体形，因此服装外形线的变化不是盲目的、随心所欲的，而是应依据于人体的形态结构进行新颖大胆、优美适体的设计。服装的外形线离不开支撑衣裙的肩、腰、臀线，因此，外形线变化的主要部分是肩、腰、底边和围度（图 3－3）。

（一）肩

肩是服装造型设计中限制较多的部位，其变化的幅度远不如腰和底边线自如。历史上有过许多样式的肩部处理，无论是袒肩还是耸肩，基本上都是依附肩部的形态略作变化而产生新的效果。80 年代流行的阿玛尼式的宽肩则是服装肩部造型的一大突破，这种特别夸大的肩部外形线给一向优雅秀丽的女装带来了全新的男子气质。

（二）腰

腰是服装造型中举足轻重的部位，变化极为丰富。腰部的形态变化大致有两种方法：

1. 束腰与松腰　西方的服装设计师把腰部设计归纳为 X 型和 H 型。X 型即束腰，由于腰部紧束，能显示女性窈窕身材轻柔、纤细之美。H 型即松腰，腰部不束，呈自由宽松形态，具有简洁、庄重之美。束腰与松腰这两种形式常交替变化，20 世纪就经历了 H—X—H 的变换过程，而每一次变化都给当时的服装界带来新鲜感。

2. 腰节线的高低　腰节线高度的不同变化可形成高腰式、中腰式、低腰式等服装，由于服装上下部分长度比例上的种种差别，使衣装呈现不同的形态与风格。从服装的发展历史看，腰节线的高低起伏变化也是具有一定的规律性的。

（三）底边线

衣和裙的底边线或长或短，直接影响到外形线的比例和时代精神。从本世纪初开始，西方女性服装的裙底边线逐渐上移，直到20世纪60年代末的迷你裙，把裙底边线推到了超短的顶点。70年代裙长又急转直下，底边线在膝与踝之间徘徊。80年代裙长则稳定在腓部中央。女裙底边线的这种长短演变都曾给当时的服装界带来颇具影响的时髦效果(图3－4)。

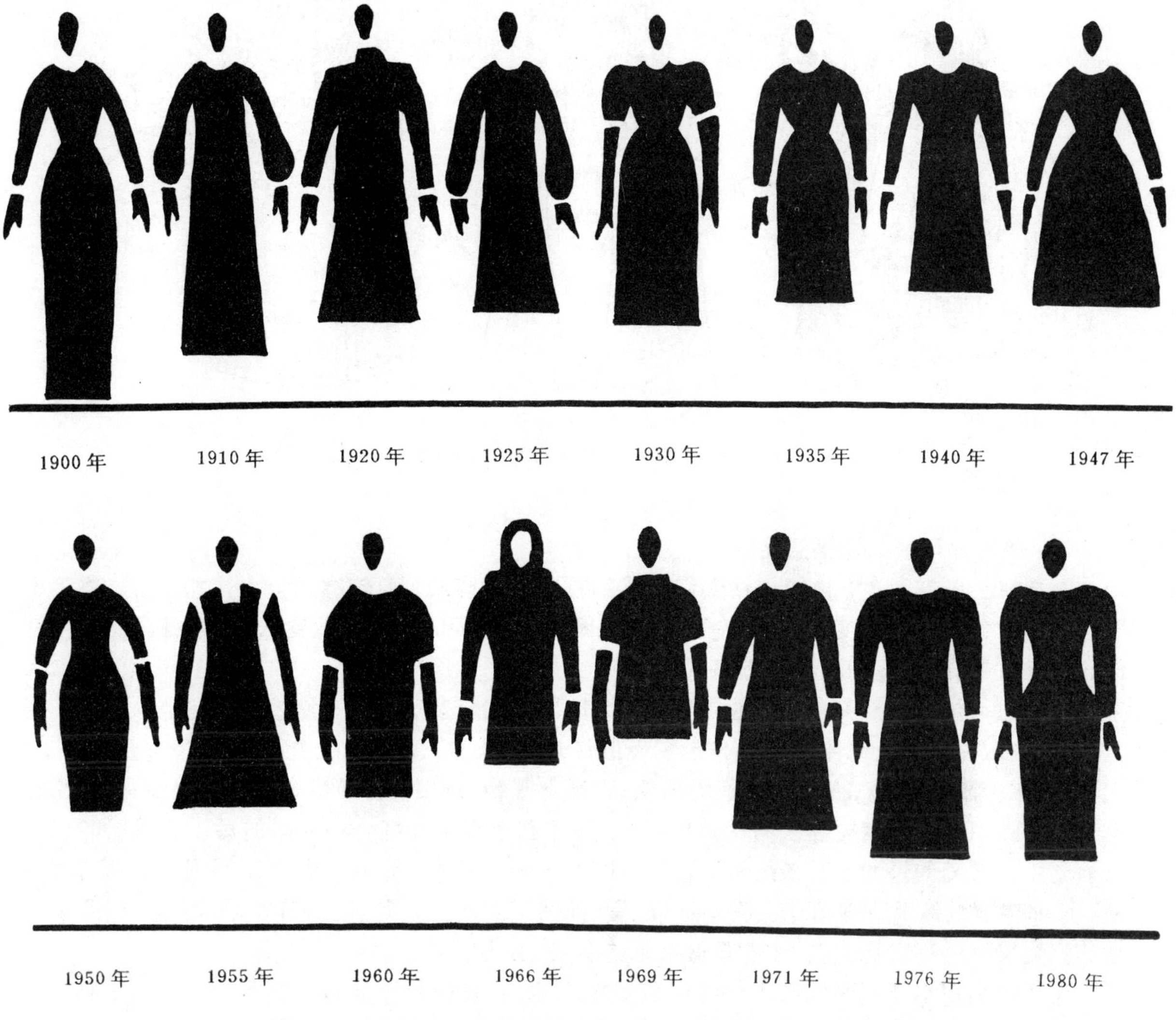

图3－4　本世纪裙底边线的长短变化

底边线除在长度上有所变化外，在形态上变化也很丰富，如直线形底边、曲线形底边、折线形底边；对称形底边、非对称形底边；平行底边、非平行底边等等。由于底边线的千变万化，使服装外形线呈现多种风格与形状。

(四) 围度

围度的大小对服装外形的影响最大。一般说来，围度常常表现在女裙、肩袖和历史上西方贵族装填充物的服饰等方面。有时为了装饰需要或迎合某种时尚潮流，常作夸张性的设计。古代西方宫廷贵族的女裙装，采用在裙里以裙箍或鲸骨圈等将围度部位撑大。纤细的腰肢、庞大的裙子，产生一种炫耀性的装饰性效果(图3－5)。

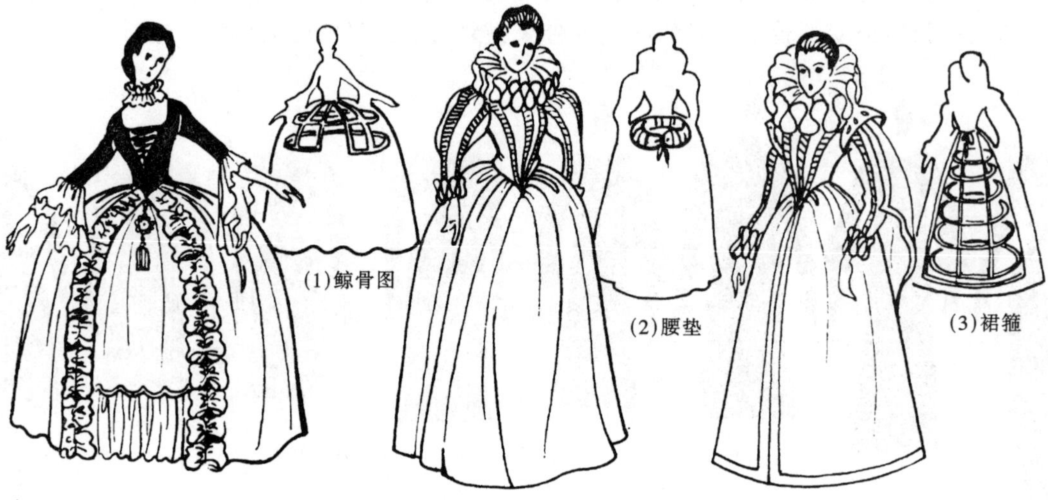

图 3－5　16～18 世纪欧洲贵妇的撑架裙是围度变化的最好例证

三、决定外形线的比例变化

服装在三维空间中，最能扣住人们视线的首先是轮廓线，而轮廓线与人体相结合，显示出肩、腰、臀的各自差别与变化，这些变化甚于人体的比例，同时也可以改变人体的比例，而产生特殊的视觉效果，以致达到服装的千姿百态。

匀称的人体比例是美丽的，通常适合于人体比例的服装称之为黄金比例，即是以腰部按黄金比例分截，服装的长度比例是 3∶5，5∶8 为最佳，则上衣为三，裙长为五，或者上衣为五，裤长为八。黄金比例运用普遍，视觉效果最为理想，它感觉平稳、舒展。上下相等的比例则没有主次，感觉平淡。除了衣服长度轮廓线的比例外，比例还存在于服装各部分尺寸间的对比关系：如衣领、衣袖与正身之间的尺寸、形态比例，衣袋、扣子与整件服装的形状、大小比例等等均须适当把握。又如腰节线的上下移动，腰、胸、肩、臀、摆、袖的围度的比例等，也需善加处理。总之，服装尺寸达到完美统一称之比例美，才能使服装形态优美，穿着适体。

比例的运用也随着时代的流行与审美变化无常，有时运用悬殊的比例而产生不稳定感成为一种时尚，如 1996 年女性休闲服的流行灵感来自印度支那，紧身针织上衣只及胸下，裙长却至踝位。不同的比例，除了审美、流行、时尚之外，还取决于面料的发展。面料的垂性、弹性、硬挺性都是决定设计的因素之一，因而用不同的比例来展示面料的特性与风格，也是设计中不可少的考虑。打破传统、固有的审美比例标准也是常有的事，但关键不是机械地追求黄金比，而应是训练自己的眼睛，能以目测看出作品的恰当比例。

服装的比例还须顾及穿衣人的身材、穿衣者高矮胖瘦等。为了补偿某些形体比例中的缺憾，可通过衣服比例的变化予以调节。如矮胖人的服装应适当缩减宽度，增加长度，以显得较为苗条。又如裁制旗袍时，常常采取稍微提高腰节线的方法。具体设计还应因人而异，无一定式。

第二节　服装结构线的设计

除前述外形轮廓线设计以外，还有缝接线、衣褶线、分割线、装饰线等。正确利用服装造型中结构线的设计，正是一个专业服装设计师与一个画家的区别所在。恰到好处地利用结构线的设计，能达到意想不到的绝妙效果。服装款式设计就是运用这些线来构成繁简、疏密有度的形态，并利用服装美学的形式法则，创造出优美适体的衣着。

服装结构线即是指体现在服装的各个拼接部位，构成服装整体形态的线，主要包括省道线、开刀线、褶裥等。

一、服装结构线的特性

服装结构线是依据人体及人体运动而确定的，因此首先应具有舒适、合身、便于行动的性能；在此基础上，使服装具有装饰美感与和谐统一的风格。服装中的省道线、开刀线与褶裥虽然外观形态不同，但在构成服装时的作用是相同的，就是使服装各部件结构合理、形态美观，达到适应人体、美化人体的效果。

服装的结构线不论繁简，都不外由以下三种线结合而成，即直线、弧线和曲线。直线给人以单纯简洁之感。弧线显得圆润均匀而又平稳流畅。曲线如抛物线、螺旋线等，动感较强，具有轻盈、柔和、温顺的特性，适宜表现女性美。

服装的塑形性能与材料的性能密切相关，制作服装的各类材料，都以自身的塑形性和悬垂性决定服装的不同气质，如丝绸面料柔软而轻飘，呢绒面料则坚挺而滞涩。对于不同塑形性能的材料，结构线的处理方法也有不同。因此，设计服装时应充分展示材料的可塑性，使结构线与材料相互间取得和谐，并与整体轮廓线保持协调一致。

二、结构线的种类

（一）省道线

省道是把布披在人体上，根据人体起伏变化的需要，把多余的布省去，制作出适合人体形态的衣服。省道是围绕某一最高点转移的，形状为三角形。

人体各部位的省道分别称为：胸省、腰省、臀位省、后背省、腹省、手肘省等。

1. *胸省*　以胸部乳房最高点为中心，向四方做省道，因在前胸部位，故称胸省。胸省可根据造型设计的需要，选择合适的省位，进行多种形式的变化。在妇女服装中，胸省是关键而重要的造型因素。有时，为了保持胸部衣料纹样的完整，或使前胸的曲线起伏更为突出优美，也常运用腰省配合造型（图 3－6）。

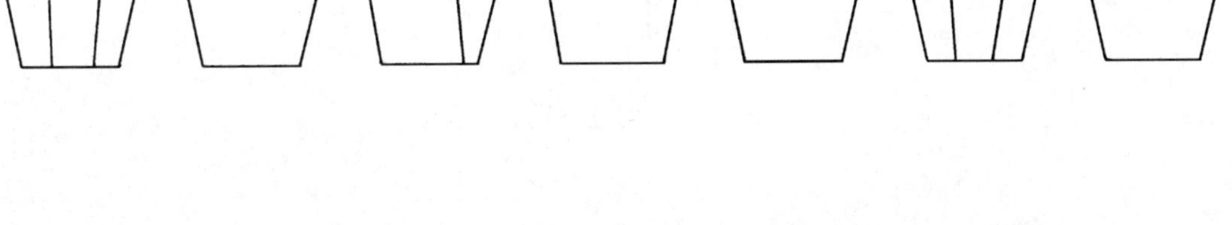

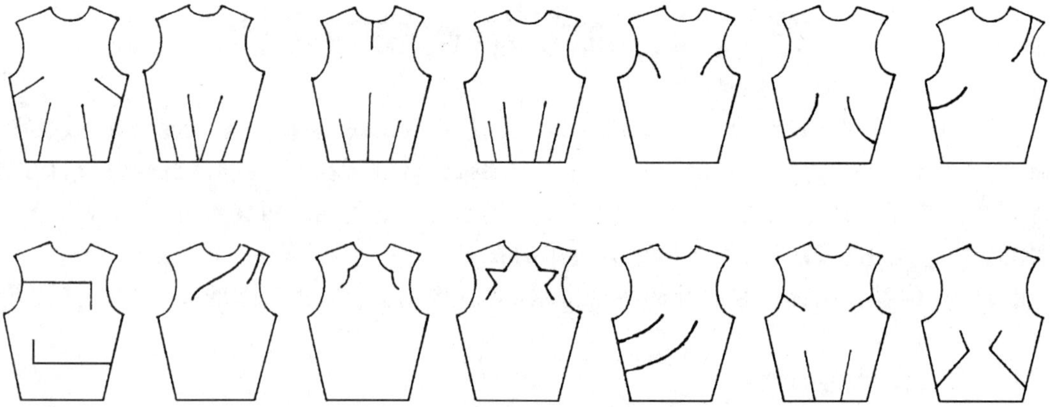

图 3－6 胸省与腰省的形态变化

2. 臀位省 人的体形特点是腰部较细、臀位较宽，尤其是女性更为明显，后臀位丰腴突起，小腹微微隆出。因此需要在腰部、小腹部，臀围部作适量的省道，使裙、裤及衣摆合体而美观。连衣裙因上衣与下裙连在一起，上衣的胸省、腰省与裙子的臀位省也就连结为一体，这时，需考虑省道的外观造型是否优美适体(图 3－7)。

图 3－7 臀位省的形态变化

（二）开刀线

开刀线又称分割线、剪缉线。开刀线的作用是从造型美出发，把衣服分割成几个部分，然后缝制成衣，以求适体、美观。

开刀线可分为六种基本形式：垂直分割、水平分割、斜线分割、曲线分割、曲线的变化分割和非对称分割。

1. 垂直分割　服装的垂直分割线具有强调高度的作用。由于视错的影响，面积愈窄，看起来显得愈长；反之面积愈宽，看起来就显得愈短。垂直分割使服装形成面积较窄的几个部分，给人以修长、挺拔之感。垂直分割往往与省道线结合在一起，也是省道线的延伸，如公主线等便是如此(图 3－8)。

图 3－8　垂直分割

2. 水平分割　水平分割有加强幅面宽度的作用。服装上的水平分割结构给人以柔和、平衡、连绵的印象；同时，横向的分割愈多，就愈富于律动感。因此，设计服装时，常使用这类横向开刀线作为装饰线，并加以滚边、嵌条、缀花边、加荷叶边、缉明线或不同色块相拼等工艺手法，以取得活泼优美的服饰美感(图 3－9)。

图 3－9　水平分割

3. 斜线分割　斜线分割的关键在于倾斜度的把握，斜度不同则外观效果不一。由于斜线的视觉移动距离比垂直线加长的缘故，因此接近垂直的斜线分割比垂直分割的高度感更为强烈；而接近水平的斜线分割则感到高度减低、幅度见增。45°的斜线分割视错并不显长或显宽，具有掩饰体型的作用，故对于胖型或瘦型人体都很适宜（图 3－10）。

图 3－10　斜线分割

设计服装时使用斜向开刀线是隐藏省道的最巧妙方法。一般情况下，人们只注意斜向的装饰效果，而忽略在斜线内的省道，因此使服装贴身合体，造型优美，富于立体感。

4. 曲线分割　曲线分割与垂直、水平分割的原理相同，只是连结胸省、腰省、臀位省道时，以柔和优美的曲线取代短而间断的省道线，具有独特的装饰作用（图 3－11）。人体是个起伏有致的圆锥体，利用视错效应，可将曲线分割运用得十分巧妙自然，从而产生优雅别致的美感。

图 3－11　曲线分割

5. 曲线的变化分割　这是一种结合人体的省道，将曲线分割与垂直线、水平线、斜线交错使用的分割方法。变化分割的曲线使人感到柔和、优美、形态多变。如将这些具有装饰性的曲线变换色彩或以不同的织物面料相拼，则会产生活泼生动、情趣盎然的强烈效果（图 3－12）。

图 3－12　曲线的变化分割

使用曲线变化分割须注意面料的质地与组织。组织过松的斜向布纹，其布边易散开或卷边；布质过薄或悬垂性强的织物，因缝线与织物的牵引力不匀易造成服装不平整，均不宜使用这类分割形式。

6. 非对称分割　非对称分割的设计，通常所见只是色彩和局部造型的非对称变化。在平稳中求变化，能使人感到新奇、刺激，因此，巧妙地运用省道和开刀线，可以使服装款式呈现丰富多姿的变化。但要把省道转移到非对称的分割线内，决非轻而易举之事。省道隐藏得巧妙，是服装设计的一种特技，必须考虑外轮廓线与内结构线的统一、谐调与完美结合。这是设计构思中匠心独具的创造，需凭借服装美学与裁剪技艺的娴熟功力，方能变化自如（图 3－13）。

图 3－13　非对称分割

（三）褶

褶是服装结构线的又一种形式。它将布料折叠缝制成多种形态的线条状，外观富于立体感，给人以自然、飘逸的印象。褶在服装中运用十分广泛，男装茄克衫、衬衫，女衣裙装以及各式童装常见不同褶的使用。褶使服装具有一定的放松度，以适应人体活动的需要，补正体型的不足，同时亦可作为服装装饰之用。

褶可分为三类：褶裥、细皱褶和自然褶。

1. *褶裥* 褶裥是把布折叠成一个个的裥，经烫压后形成有规律、有方向的褶。褶裥因折叠和缝制的方式不同，有顺褶、工字褶、缉线褶（明线褶、暗线褶）之分（图 3－14）。褶的线条刚劲、挺拔、潇洒、节奏感强。褶裥通常顺垂直布纹折叠，也可沿 45°斜线布纹折叠。褶裥熨烫定型后，褶摆展开的效果如同扇面，刚中带柔，规则中有变化，这种方法常用于百褶裙的设计中。此外，褶还可以设计成宽窄交错，或活褶与缉线褶交错的形式，使旋律感得以加强，也更富于魅力。一些带有条、格、点等几何形图案的布料，根据图案的色彩和形状折叠成褶裥，会产生别致的图形和饶有趣味的效果。

褶裥的适用范围较广，瘦高型的人穿着后显得更为修长苗条；粗壮的女性则可以增加其垂直分割的效果，减弱宽度；矮瘦的人也可以褶裥来遮掩瘦弱的体型。

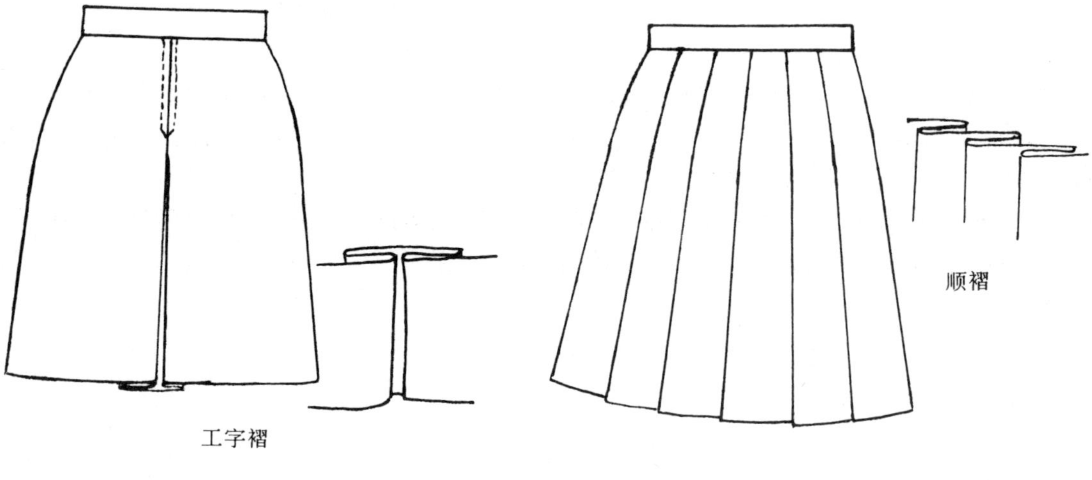

图 3－14 褶裥的几种形式

2. *细皱褶* 细皱褶是以小针脚在布料上缝好后，将缝线抽紧，使布料自由收成细小的皱褶。这种皱褶形成的线条给人以蓬松柔和、自由活泼的感觉，若选用柔软轻薄的面料缝制细皱褶，效果特别好。

细皱褶在男装中很少使用，在女装与童装中运用极多，也极富于变化。如收拢成帐篷式的灯笼袖、灯笼裤、灯笼裙，重叠式的宝塔裙，裙边、袖口、领口等处荷叶边式的装饰等，千姿百态的细皱褶为服饰增添了阴柔的华彩，如图 3－15 所示。中青年女性的衬衣在覆肩、前胸、克夫、腰部亦常使用细皱褶代替省道，形态活泼优美而富于节奏感。细皱褶自由流动的线条具有别致的装饰作用。许多国际服装设计大师的设计特点都是巧妙而熟练地使用各种细皱褶装饰腰、胸和臀位，工艺技巧精美绝伦，使他们的高级女装表现出非凡的华丽与典雅。

图 3 - 15　细皱褶的几种形式

橡筋皱也是一种细皱褶的形式，它通过橡筋的收缩形成皱褶，也可用橡筋线作车缝底线收褶。橡筋皱具有宽紧自如的功能，通常应用在衣领、克夫、腰间、臀位等处。当流行高腰及低臀位款式的服装时，运用橡筋皱既能起到束腰的作用，又极富装饰美感。

3. 自然褶　利用布料的悬垂性及经纬线的斜度自然形成的褶称为自然褶。常用的波浪褶即是一种自然褶，如 360°的圆台裙，以中心小圆作为裙腰，外围大圆自然下垂形成生动的波浪状的褶，褶纹曲折起伏，优美而流畅。若用波浪褶做衣领，则褶裥自然下垂犹如瀑布流泻，其线条柔和飘逸、生动活泼，具有浪漫潇洒的风韵(图 3 - 16)。

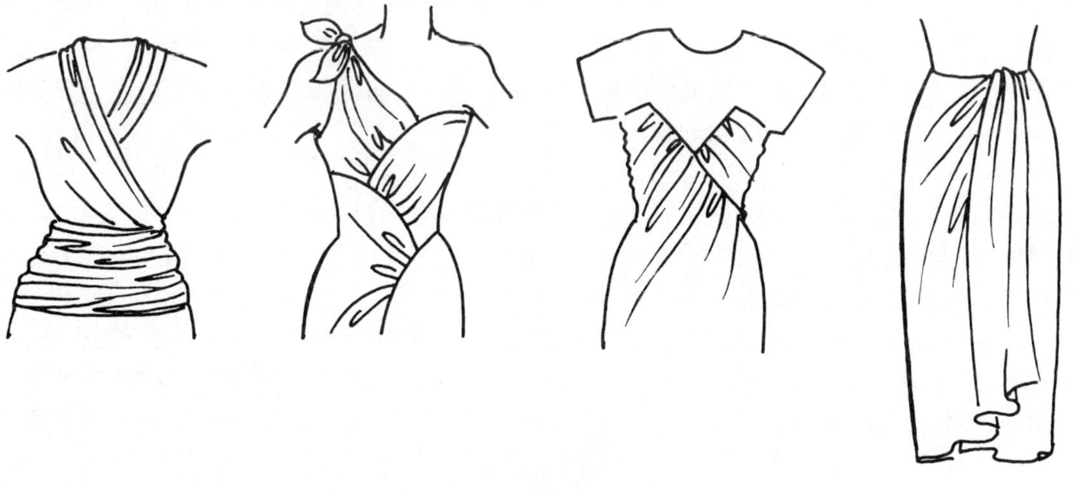

图 3 - 16　自然褶的几种形式

自然褶的另一种形式是仿古希腊、古罗马的服装，把布自由地披在人体上，利用布料的皱折自由收褶，褶纹随意而简练。这种即兴发挥的立体裁剪方法在现代服装设计中亦常有应用，风格洒脱自由。

三、服装设计中线的运用

线条比例的均衡是服装设计师应具备的基本概念。服装线条包括服装的轮廓线、开刀线、装饰线、褶裥线，以及服装各部位如领、袋、腰等的造型线。设计师的工作便是将这些线运用于剪裁上，创造出完美的服装造型。

（一）结构线的运用

服装造型是依照人体的起伏，通过省道线的处理，使衣服更贴切地穿着在人体上，而成为一个立体的造型。东方式的大袍、罗马式的披挂，是以布的松散状、褶皱状缠裹在人体上。而欧洲尤其是英国式传统套装，却显得严谨、合体。设计师在设计造型时会谨慎小心地安排衣服上每一条省道线的位置、长短以及形状，时而将省道作为辅助手段，加以掩盖，时而又将省道作装饰线而加以突出。如20世纪50年代的套装，将省道转移至腋下等不显眼之处，强调圆肩、细腰、丰臀的郁金香造型。60年代流行的迷你连衣裙将省道与公主线、开刀线结合使用，省道以流畅的线迹来表示。牛仔装将省道转换为育克，并缉以明线的牛仔线，以示线条的特殊效应。巧妙地运用省道线、分割线，既可塑造完美、严谨、适体的套装，以表现衣着者的优美体态；又可给套装平添许多艺术趣味、装饰效果，而使衣着者更显示个性的特征。

（二）线条体现服装风格

不同时期的服装以及不同设计师的作品在服装线条的处理上总是各具特色，显示出多变的风格。如古希腊人的服装，通过自由褶裥的形式产生了许多垂直线条，给人一种自由飘逸的感觉。又如西班牙菲力浦四世时期的宫廷贵族与公主裙装的造型，使用了许多横向线条和大曲线，给人以力度与坚实感，以显示皇族的权力与地位。因此，成功地把握和运用好服装造型中的各种线条，有助于完美地体现服装的设计风格。

（三）线条的动静统一

服装是由外轮廓线、内结构线和各种装饰线相结合构成的。这些线条在动静、疏密变化中取得和谐统一，组成了服装优美的形态。服装静止时和运动时在空间会展示出不同的轮廓线。如大衣悬挂在人形台上呈现静态的轮廓，包括肩部线、袋形线、腰线、臀线、袖形线等，都显得较为平挺整齐。当旋转人形台时，大衣则展开了伞形的衣摆；同时，衣摆的起伏形成了许多自由的波浪线，大衣在动态中出现了富于变化的新的轮廓线。

（四）装饰线的运用

服装的装饰线包括镶边线、嵌线、细褶线、缉明线、波浪线以及线条形态的装饰花纹等。装饰线运用得当，可使服装产生精致秀美的效果，同时也有助于体现服装特有的情趣。中国的民族服装旗袍常采用镶边、嵌线等技艺，在衣襟、领口、袖口、下摆部位加以装饰，使旗袍更端庄高雅。风靡全球的牛仔装，其突出的造型风格便是缉明线的运用，除衣片缝合处的缉线完全显露外，在衣袋、裤袋上再缉以纯装饰性的线条花纹，且缉线的色彩也极为醒目，使服装具有粗犷、洒脱的风貌。此外，服装上的一些装饰花纹作用于不同的面料中，可作装饰之用，能增添衣服的精致感。

第四章

服装面料与色彩

设计的三大要素是造型、材质与色彩，服装设计亦是如此。有了良好的造型与结构的设想，还需通过相适应的面料材质与色彩，才能使设计构思得到完美体现。若对于服装材料选用不慎，则会破坏设计造型的整体效果。因此，如何从审美性和科学性两个方面充分发挥服装材料的作用，正确选择、运用面料的材质与色彩，是服装设计中一个十分关键的问题。

第一节　服装面料的原料

服装的款式、色彩都依赖于服装面料。不同的服装对于面料的外观和性能，诸如织纹、图案、色彩、塑形性、悬垂性、吸湿性、保暖性等等，都有各自不同的要求。这些有关面料材质的知识，是设计者必须具备的。

一、服装面料的原料

材料是指面料物质的类别，服装材料主要是纤维制品，如棉、毛、丝、麻等天然纤维和化学纤维等织物；质地有厚、薄、轻、重、粗糙、细腻、光泽、毛绒等。对面料材质的认识可以从感觉和触觉两个方面去获得。感观是视觉和触觉对材质的感性认识，经观看和触摸分析，便能进一步了解到面料的材料和质地。正确地选用材质并体现材质美感，是一个设计师的基本功。日本设计师三宅一生就是一位极富于开发、了解面料的设计大师。因此对面料的认识与感受是服装设计与创新的基础。

现将服装面料中常用的材料及其性质作一简要介绍。

（一）棉织物

由天然棉花纤维纺纱、制织而成，具有保暖、吸湿、透气、耐摩擦、柔软舒适的特性，但弹性较差，缩小率较大，是十分普及的大众化的服装面料。

常用的棉织物有平纹类的平布、府绸、麻纱、罗缎，斜纹类的卡其、哔叽、华达呢，缎纹类的横贡缎、直贡缎，色织布类的牛津布、线呢、劳动布，起绒类的平绒、灯芯绒、绒布，起皱类的绉布、泡泡纱、轧纹布等。

棉织物有温暖、朴素、亲切的感觉，常作为家庭用的服装面料。

（二）毛织物

毛织物以羊毛为主要原料，具有良好的保暖性、吸湿性和弹性，光泽柔和，手感柔软，是一种高档服装面料。

常用的毛织物有精纺类的凡立丁、派立司、啥味呢、哔叽、华达呢、马裤呢、花呢、粗纺类的制服呢、麦尔登、大衣呢、法兰绒、长毛绒、粗花呢等。

毛织物有温暖、华美、典雅、挺拔之感，常用于办公、社交等较为严肃的正式场合穿着的服装。

（三）丝织物

丝织物是指以蚕丝为原料制织的真丝绸，包括桑蚕丝织物与柞蚕丝织物两种。丝绸织物具有明亮、悦目、柔和的光泽，吸湿透气，轻盈滑爽，弹性好，属高档服装面料。

丝织物品种丰富，计有纱、罗、绫、绢、纺、绡、绉、绸、锦、缎、绨、葛、呢、绒等14大类。常用的丝绸面料有电力纺、乔其纱、斜纹绸、双绉、软缎、塔夫绸、双宫绸、古香缎、织锦缎、金丝绒等。

丝织物高雅华丽，飘逸多姿，常用于社交服，以获得雍容华贵的效果。

（四）麻织物

麻织物是由麻植物纤维纺纱、制织而成，主要有苎麻布和亚麻布两种。麻织物强度高，弹性好，舒适透气，易洗快干，凉爽挺括，常用于夏日便服、西装、绣衣的面料。

（五）化纤织物

化纤织物包括人造纤维织物和合成纤维织物两类。人造纤维织物有富春纺、无光纺、人棉布等，柔软滑爽，吸湿透气，但弹性差，缩水率高。合成纤维织物有涤纶、锦纶、腈纶、维纶、丙纶、氨纶类的各种面料，如柔姿纱、尼丝纺、腈纶花呢等。化纤织物具有稳定性好、保暖耐穿的特点，但吸湿透气性差。化纤织物是一种平民化的面料，在外观感觉上可以仿制天然纤维类织物，如仿丝绸、仿棉麻、仿毛料。化纤业的发展，使化纤织物愈来愈有仿天然织物的特点，同时也与天然纤维交织，互补各种纤维的特长。

（六）非纺织材料

服装面料中的非纺织材料包括裘皮、皮革、人造革、毛毡等。这类材料保暖性好，质地紧密而挺括，是冬季防寒服的最佳面料。尤其是天然裘皮和皮革，温馨而华贵，适宜于高级服装的制作。

上述各种面料材质由于织造和处理工艺的不同而有变化，如机织、针织、编织、提花、印花、涂层、砂洗、水洗 、轧纹等等，风格面貌更是日新月异，变化无穷。随着新科技、新工艺的发展，将会有越来越多的新颖服装面料问世，为服装设计的创新、开拓提供了广阔天地。

二、面料与服装造型

服装设计是通过面料材质的不同造型完成的。不同的面料在造型风格上各具特性，如何根据服装的机能要求选用恰当的面料，如何利用面料的质感和塑形性体现服装的造型，使面料材质与服装造型这两者完美结合，相得益彰，这是设计成功与否的重要环节。

长期以来，某种服装选用哪一类面料，或某种面料适宜制作哪一类服装，已形成了一种约定俗成的常规与常识。如西装选用中薄型毛料，晚礼服选用丝织锦缎，厚呢料适宜做大衣，亚麻布适宜做夏装等。但近年来，一些打破常规的设计亦给人以别致新奇之感，如以砂洗绸制成的西装显得休闲而浪漫，针织面料制成外衣T恤具有潇洒明快的风格。因此，设计人员应该掌握不同面料的性能、质感和造型特点，使面料的选用做到有的放矢，合适相配；同时还要根据服装流行趋势的变化，独创性地试用新型面料或开拓面料的使用领域，使服装造型更具新意。

不同材质面料的造型特点以及在服装设计中的运用一般情况如下：

（一）柔软型面料

柔软型面料一般较轻薄，悬垂感好，造型线条光滑流畅而贴体，服装轮廓自然舒展，能柔顺地显现衣着者的体形。

这类面料包括织纹结构疏散的针织面料和丝绸面料。针织面料质地柔软，垂感良好，弹性也极好，平纹针织物的延伸率一般可达到20%。因此针织面料的服装可省略一些开刀线和省道。轮廓与结构线条简洁，常取长方形造型，使衣、裙、裤自然贴身下垂。由于织物本身所具有的弹性，简练的造型依然能体现人体优美的曲线。丝绸面料中的双绉、软缎、丝绒和经砂洗处理的电力纺轻盈飘逸，柔和的服装线条可随人体的运动而自如流动。因此丝绸面料的服装多采用松散型和有褶裥效果的造型，如落肩宽松式衬衣与茄克装，皱褶型的大筒裤、喇叭裤、裙裤和连衣裙等，以表现面料线条的流动感和潇洒自然的风格。

一般织物的斜向纹理具有最佳的弹性、垂感和柔软度，所以斜向剪裁的面料能产生柔顺贴身的衣着效果，但设计时应减少缉缝线和省道，以免引起布料过于拉伸而变形。

(二) 挺爽型面料

挺爽型面料天然硬挺，造型线条清晰而有体量感，能形成丰满的服装轮廓，衣着时不紧贴身体，给人以庄重稳定的印象。

这类面料包括棉布、涤棉布、灯芯绒、亚麻布、各种中厚型的毛料和化纤织物。丝绸中的锦缎和塔夫绸也有一定的硬挺度。使用挺爽型面料可设计出轮廓线鲜明合体的服装，以突出服装造型的精确性，如西装、西套装、西裤、连衣裙、茄克衫等。也可采用细皱和褶裥的手法，设计形态丰满的衣袖、蓬松的裙子和具有体积感的服装。欧洲传统式的夜礼服就常以塔夫绸、生丝绡和云纹绸等挺爽型面料制作，从而获得最佳的塑形美感。

(三) 光泽型面料

光泽型面料表面光滑，并能反射出亮光，有熠熠生辉之感，常用来制作夜间礼服或舞台演出服，以取得光泽闪耀、华丽夺目的强烈效果。

这类面料大多为缎纹结构的织物，有软缎、绉缎和横贡缎等。缎面的光泽因材料和织物经纬密度的不同而有所区别。人造丝与其他化纤软缎的光泽反射最强，但光感冷漠，不够柔和，一般作为舞台演出服装用料；真丝绉缎光泽柔亮细腻，质地华丽高雅，可用于高档礼服的制作。织物经纬密度小，光泽较弱而质感柔软；织物经纬密度大，则光泽丰满但质感较硬挺。柔软的光泽型面料如软缎和绉缎适宜制作长方形造型设计的服装，并可采用一些褶皱装饰，以体现织物光滑柔顺、下垂流动的线条，如旗袍或旗袍式的西式礼服。织锦缎是一种织纹较密的光泽型面料，其硬挺的质地无论是经向或是斜向剪裁，都不会产生下垂感，而且易折皱，塑形性较差。因此不可用太夸张的造型，一般以省道和开刀线表现形体感，如西装、衣裙套装等。

光泽型面料的衣着有耀眼华丽的膨胀感，在服装总体造型上应以适体、简洁、修长为宜。不过一些炫耀性或演示性的服装设计则另当别论。此外，有一种经压烫而产生光泽的棉布和化纤织物，仅在织物表面形成某种亮光膜，通常仍能保持面料材质的特性，造型设计则可根据面料的质感而定。

(四) 厚重型面料

厚重型面料质地厚实挺括，有一定的体积感和毛茸感，能产生浑厚稳定的造型效果。这类面料包括粗花呢、大衣呢等厚型呢绒，以及绗缝织物。厚重型面料一般有形体扩张感，若叠缝层次多则更显臃肿。因此不宜采用过多的开刀线和褶裥，服装造型和轮廓也不宜过于合体贴身和细致精确。

(五) 绒毛型面料

绒毛型面料指表面起绒或有一定长度的细毛的面料，如灯芯绒、平绒、天鹅绒、丝绒，以及动物毛皮和人造毛织物等。这类面料有丝光感，显得柔和温暖，其绒毛层增加了厚度感和独特的塑形魅力。

绒毛型面料因材料不同而质感各异，在造型风格上也各有特点。平绒和灯芯绒有厚型布织物的硬挺度，可以设计出适体型的西便装、套装、裙、裤等，能显示出清晰而严谨的轮廓造型。天鹅绒和丝绒光泽明亮，手感柔和，有丝绸般的下垂感，过多的缝缉线会影响其平滑柔顺的悬垂效果。因此一般以 A 型和 H 型的造型为宜。

绒毛面料设计时要注意毛绒的方向一致性，毛绒有倒毛和顺毛的方向之别，毛的倒向不同会产生不同的光泽，因此顺毛剪裁是十分重要的。

(六) 透明型面料

透明型的面料质薄而通透，能不同程度地展露体形，具有绮丽优雅、朦胧神秘的效果。这类面料包括棉、丝和化纤织物，如乔其纱、缎条绡、生丝绡、棉质巴里纱、化纤蕾丝等。透明型面料的质感分为柔软飘逸和轻薄硬挺两种，设计造型时可根据柔、挺的不同手感，灵活而恰当地予以表现。此外，还应多展示面料的透明度，使衣着者的体型与肌肤若隐若现，产生迷离朦胧之美感，因此常用线条自然丰满、富于变化的 H 型和圆台形的设计造型。这种面料也在 20 世纪末广为流行。

第二节　服装的色彩

一张优美的绘画作品，是画家凭借自己的审美感和经验，在调色板上配出丰富的色彩而绘制出的。服装设计也有如此特点，绚丽多彩的服饰设计是设计师十分重要的素质之一。色彩学是一门复杂的专业性学科，有关色彩的基本原理与知识，详见《服装色彩学》教材。这里仅就与服装面料关系密切的几个方面，加以说明。

一、色彩与面料

服装色彩是通过不同材质的面料体现出来的，因此色彩与面料材质是紧密相关的统一体。在进行服装配色设计时，掌握好色彩与面料材质的关系极为重要。

面料的纤维性能和组织结构不同，对于光的吸收和反射程度不同，所反映出的色彩效果也各不相同。即使是同一色相的颜色，也能因材料质感的变化而产生异样的情感。同样的纯红色。表现在毛料织物上，显得温暖高雅；表现在化纤和丝绸织物上，则显得豪华艳丽。因为毛料表面绒毛的漫反射作用，使强烈的色彩变得柔和而稳定；但在丝绸等光泽型面料上，光线的直接反射使色彩变得热烈而刺激。因此，一般说来毛料的色彩配置较易掌握，无论是对比色、调和色或同类色，都能收到良好的效果。光泽型面料的色彩配置难度较大，宜使用纯度变化、明度变化或中性色调和的配色法，以取得优美协调的色彩效果。

色彩感与面料质感的配合是无限的，设计师需对各种色彩和面料质感先有一个认识，设计师必须培养对色彩的敏感性，然后在设计运用中将理论知识与实际感受及配色经验互相结合，以选择判断最佳的色感与质感的组合。

二、色彩与图案

服装面料图案的内容和表现方法十分丰富。从工艺上分，有织花图案、印花图案、刺绣编织类的工艺图案、从结构上分，有单独图案、二方连续图案、四方连续图案、从内容上分，有花草鸟兽类自然图案、器物建筑类人造物图案、风景图案、人物图案以及点线面类的非定形图案，从风格上分，有民族图案、东西方传统图案、现代图案等。

不同形态的图案通过与色彩、材质的有机结合，显示出各具特色的魅力。从色彩上看，单色图案在服饰中易取得协调统一的效果，适宜于大方、朴素和有个性的设计，适应范围很广。常见的一些单色图案，如白地蓝点、黑地白花等面料，用于服装设计中能取得明朗优美的整体感。

多色图案表现出的情感较为复杂，有的浓郁深沉，有的轻松活泼，有的柔和沉静，也有的会使人产生异国情调的色彩联想。如果选用不当，易产生拥塞杂乱之感，破坏服装的整体效果。

三、色彩的整体把握

（一）色调统一

色彩设计首先要把握整体，即统一的色调。可以选用某色作为服装的主色调，协调和统一的色彩，较易在设计中撑握，也合乎现代都市色彩的审美。又如多色印花面料的衬衣，选择印花图案中主要的一色作为裙、外套和帽子的面料色彩，在使用面积上加以强调，这一色彩便成为整装的主色调，并以其占主导地位的色调来统一服装上的诸多色彩，取得丰富而又谐调的色彩效果。

（二）无彩色系

黑、白、灰为中性色，亦为无彩色系，是现代服装设计运用最多的色彩，同时它们与任何一种彩色都是调和的。在多色图案面料运用时，加入适当的无彩色系面料，可达到整装效果的和谐、统一。如以红、绿、黄、紫等鲜艳对比的多色作辅衬时，能使无彩色系的服装具有活泼生动之感。

（三）民族色彩

世界各国、各民族都有其传统的服饰图案和色彩，体现了各具特色的风格。当面料图案和色彩的风格与服装的风格协调一致时，也能产生和谐、优美的整体感。在设计中吸收民族色彩，可以给现代服装带来新的风格，这在现代主义盛行百年后的今天，现代设计师愈来愈重视民族风格的学习与吸纳。

四、流行色彩

与服装款式的流行和变化一样，服装色彩也在流行趋势的影响下，不断地更迭变化，流行色的概念是20世纪纺织服装专家探寻获得的。作为时尚产品的服装设计，必须时刻掌握色彩流行的特点、规律与趋势，使自己的设计不落伍，而具前瞻性、超前预见性。如20世纪40年代末，由于时装注重轮廓造型而流行素色面料；50年代后期，服装的形态让位于色彩，鲜艳明丽的花色面料极受青睐；后来当人们厌倦了彩色时，又兴起了单色，流行富于纹理的砂洗石磨牛仔布。此外，服装面料的色彩还受到时代艺术和科技的影响。如欧普艺术、蒙德里安构成艺术促成了时装设计中色彩对比的流行，鲜艳的面料在服装上形成几个大的色块，给人以新奇独特之感。20世纪末，相继出现了以闪烁晶莹的金属和塑胶材料制成的服装，或是在面料上施以闪亮的金属色彩，形成了面料花色的新潮流。

服装领域一向是崇尚流行意识的，面料的色彩与花纹也是流行浪潮中的主角。因此，及时把握面料色彩的流行特点和流行趋势，才能设计出为人们所需的崭新服装。

第五章

服装的部件设计

在服装款式、色彩、面料设计的同时，任何一位设计师都要重视服装部件、或细部的设计。往往成衣的变化就在于一些部件或局部的变化。例如，领型的变化，口袋样式的改变，甚至一个商标装饰位置的改变，都可以使消费者解囊。

第一节　领、袖设计

一、衣领设计

衣领是服装上至关重要的一个部分，式样繁多，极富变化。衣领包括领线与领子两个部分，其构成因素主要是：领线形状、领座高度、翻折线的形态、领轮廓线的形状以及领尖修饰等，设计也必须抓住这些方面。

（一）领线

领线是衣领的基础，既可与领子配合构成衣领，也可单独成为领型，并可在领线上进行各种工艺修饰，如包边、加牙、缀花边等。领线以其开口的大小和形状的变化，可产生不同风格以适应各类服装的需要。

常用的领线有以下几种（见图 5－1）。

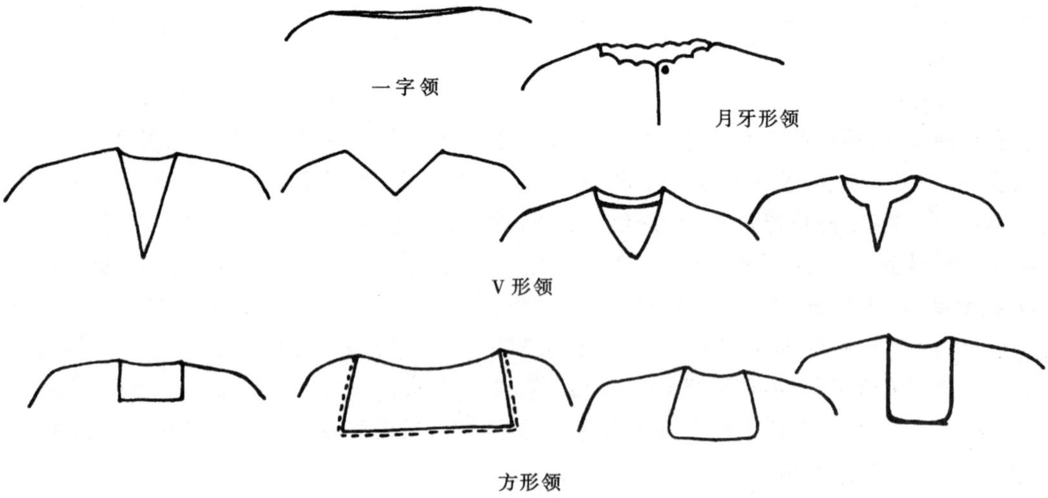

图 5－1　常用的领线形式

沿着颈根部的弧线弯曲度，与人体颈部自然吻合的领线，能表现人体的自然美。领线必须准确把握颈部形态的特点和领型特点进行设计，否则易造成领线不圆顺、不贴体。通常的领子设计，有圆领、一字领、V字领、方形领等等。如：

1. 一字领　这种领线形状的前中心点较高，一般略高于颈窝点，而横开领则较宽大，显得潇洒大方、简洁高雅，后领线裁成一字形，前领线略成弧线，穿着后领线基本呈水平状态，因此这种领型称为一字领。

2. V形领　此领线如V字形，常用在毛衣、衬衫、贴身衣等服装上，具有轻便、大方之感。V型领线的长短变化较多。V形领线用于童装时不宜开得太深，因锐角形象给人以严肃、冷漠感，与儿童天真活泼的性格不协调。

3. 方形领　这是一种方形的领线，领口可有大小不同的变化，小领口显得年轻活泼，大领口颇具高贵的气质。

4. 其他　还有一些花式领线，如桃形、马鞍形、菱角形、多边形等不同形状的领线，装饰风格各有异趣，但一般服装中较少采用。

在服装设计时，应根据服装的功能和装饰需要选择合适得体的领线。一般说来，各种曲线形式的领线显得优雅、华丽、可爱；直线形式的领线则相对严谨、简练、大方。领口较大，显得宽松、凉爽、随意；领口较小则相对拘谨、严实、正规。

(二)领型

服装的领型是最富于变化的一个部件，由于领子的形状、大小、高低、翻折等等不同，形成了各具特色的服装款式，有时甚至能引导一种流行时尚。领型依其结构不同，可归纳为四种类型。

1. 立领　立领是一种没有领面，只有领座的领型。如旗袍领、中装立领、护士服领、学生装领等。领座与颈部有一定倾斜距离，也可采用与衣片连裁的式样，造型简练别致。卷领则是一种感觉柔和的立领，它将布料斜裁，形成流畅、松软的领子造型(图5-2)。

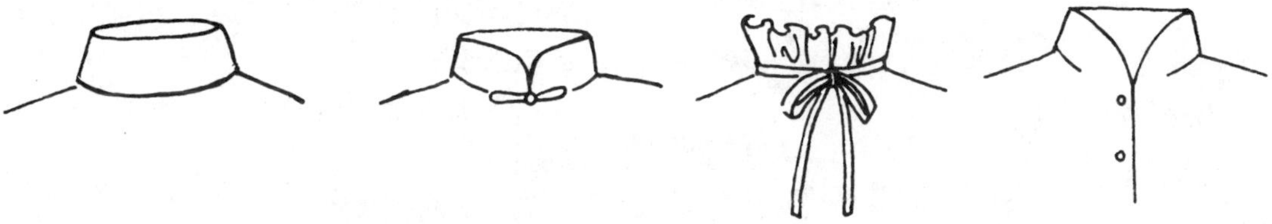

图5-2　立领

2. 翻领　如衬衫领、小翻领等(见图5-3)。翻领可分为无领座、有领座和有后领座三种。其翻领的前领角是款式变化的重点，尤其是女装，可以设计成尖形、方形、蔓圆形等。一些形状奇特的翻领如大翻领或波浪形领等，则主要是依靠领子轮廓线的造型变化而产生的。

3. 坦领　坦领是平展贴肩的领型，一般无领座或领座不高于1cm。坦领的领线可根据不同款式的需要略作变化。如海军水手领则属单片坦领，同时在领边加以条状边饰，领前缀飘带或蝴蝶结，可显示出英姿勃发的朝气(图5-4)。

4. 驳领　驳领是前门襟敞开呈V字形的西式服装的领型，它由领座、翻领和驳头三部分组成。由于驳领的结构比较复杂，且要求驳头和翻领的前半部分平坦地贴敷在左右锁骨部位，因此

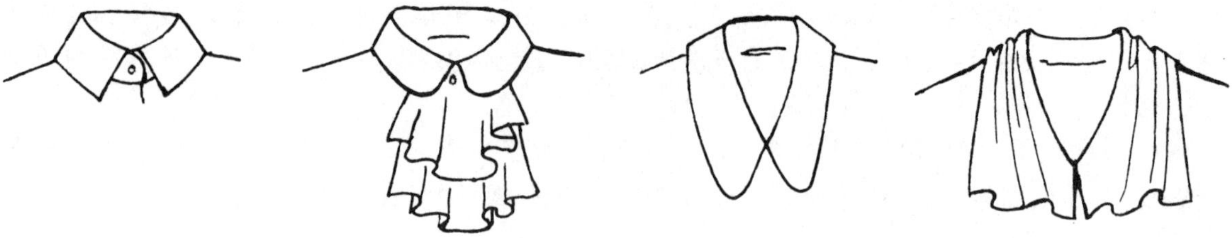

图 5－3 翻领

图 5－4 坦领

图 5－5 学生领型的创意设计

是衣领工艺造型设计中较难掌握的一项技术。驳领的式样与领座高度、翻折形态、驳头和刻口的造型，以及颈部紧贴程度等多种因素有关。

没有刻口的驳领称为敞领（也称青果领）。如围巾领、披肩领、低胸大翻领等，其轮廓线可采用椭圆形、立体形、尖角的披肩形等不同的形式加以修饰，从而获得领型的款式变化。

下面选登一部分学生领型习作（图 5－5）。

二、肩袖设计

肩袖造型包括袖窿与袖子两个部分。千变万化的袖子样式就是由各种形态的袖窿、袖山、袖口，袖形的长短肥瘦，再配合多变的装接缝纫方法而构成的。

（一）袖型的分类

袖型的分类方法较多。按袖片的数目多少可分为单片袖、双片袖、三片袖和多片袖；按袖子装接方法的不同可分为装袖、插肩袖、连裁袖和组合袖；按袖子的形态特点可分为灯笼袖、喇叭袖、花瓣袖、钟形袖、羊腿袖等。归纳起来,常用的袖型可分为下列三类。

1. *装袖*　装袖系根据人体肩部及手臂的结构进行分割造型，将肩袖部位分为袖窿与袖山两个部分,然后装接缝合而成。装袖的袖型合体美观,是一种规范的服袖结构。装袖适用范围很广,直线式、卡腰式、半紧身式和扩展式等多种轮廓造型的服装均可采用这种袖型。装袖的袖窿与袖山随着款式的变化需保持一定的装接差数,一般袖山线长度大于袖窿弧线长度。日常人们所穿的西装、衬衫等即是这种装袖形式,见图 5-6(1)。

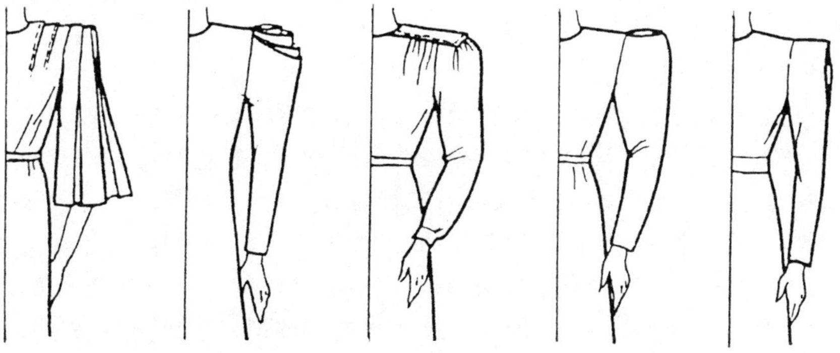

(1)装袖

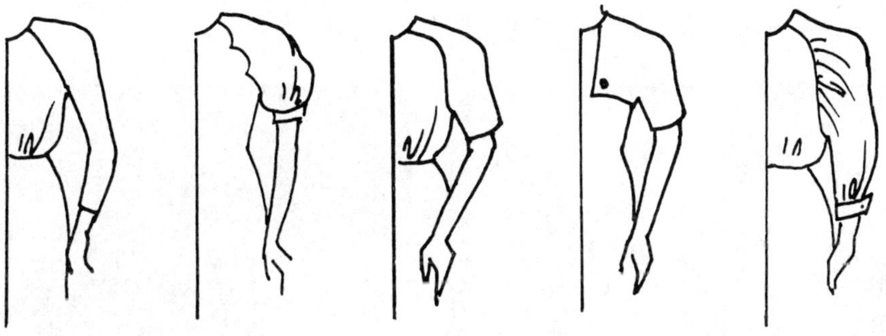

(2)插肩袖

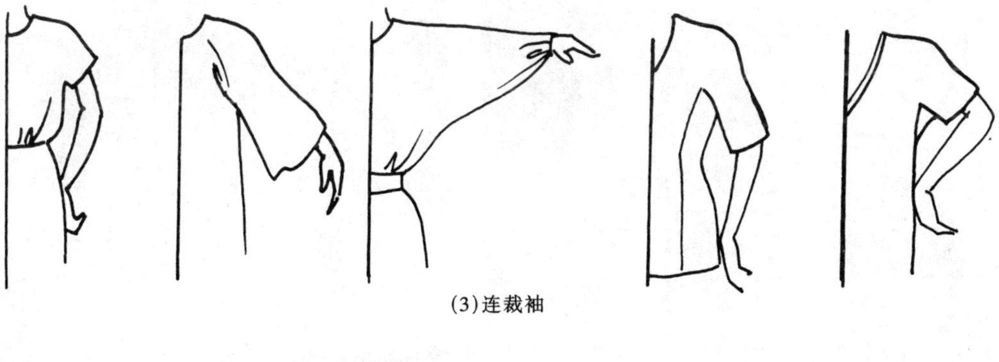

(3)连裁袖

图 5-6　袖型的分类

2. *插肩袖*　插肩袖的肩部与袖子是相连的，由于袖窿开得较深，有时甚至直开到领线处，因此整个肩部即被袖子覆盖。插肩袖的袖窿和袖身的结构线颇具特色,流畅简洁而宽松,行动较方便自如。这种袖型适用于所有服装,如大衣、风衣、短上衣、连衣裙等,自由松身型的服装使用插肩袖结构效果尤佳。通过袖窿线的不同变化,还可产生多种多样的款式,所以插肩袖是一种富于变化的袖型,见图 5-6(2)。

3. 连裁袖　连裁袖又称中式袖、和服袖,这是衣袖一体、呈平面形态的袖型。由于不存在生硬的结构线,因此能保持上衣良好的平整效果,衣袖下垂时,构成自然倾斜或圆顺的肩部造型,腋下则出现微妙的柔软折纹,具有东方传统服饰的特点。连裁袖在时装以及日常休闲时穿的长衫、晨衣、浴衣、家居服、海滩服中常被采用,具有方便、舒适、宽松的特点。有些连裁袖还可用开中缝的形式,使肩部造型更为圆顺,如图 5-6(3)所示。

(二)袖型的变化

历代服装十分重视袖子的设计,因为它对服装塑形有重要影响;同时,袖型的设计还根据服装流行的款式而不断有所变化。当设计柔轻松身服装或宽松式样流行时,可用连裁袖或插肩袖,袖窿深度加大,袖片造型为单片袖、衬衫袖或直筒袖等式样;当设计严谨合体的服装或紧身样式流行时,可用装袖、袖窿深度缩小,袖片为双片袖、三片袖等多片袖式样,有时也可用腋下镶档布的连裁袖或插肩袖。一些强调衣肩形态的服装,不仅借助于各种形式的衬垫填充,还可采用特殊的肩袖结构处理。如采用袖窿宽大的落肩袖型,夸张袖山体积的羊腿袖型,在袖山上处理省道、褶裥、皱褶的袖型,肩章式、背带式的袖型等等,甚至用几何形结构组成肩与袖之间的关系,以夸张肩部,使衣着形象高大挺拔(图 5-7)。

领子与袖有许多文章可做,设计者可以发挥出无尽的想象。

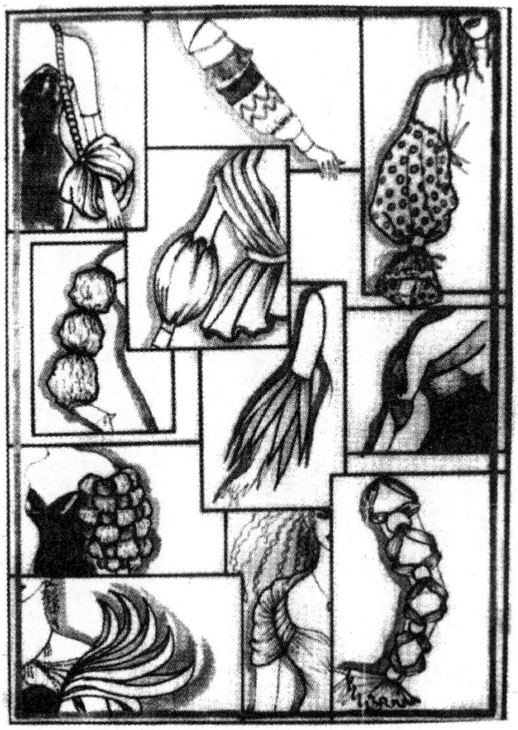

(1)

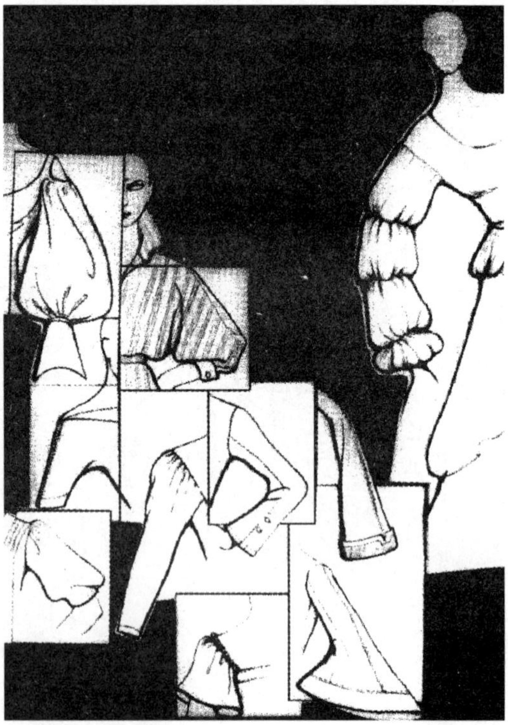

(2)

图 5-7　学生袖型设计图

第二节 部件设计

构成一件服装除外形线、结构线以及领、袖等主要部件外，还需包括一些必不可少的零部件，如口袋、纽扣、袖口、育克及装饰点缀等，这些零部件在服装中亦具有重要的功能性作用和装饰作用。

一、口袋设计

口袋是服装上的主要配件之一，种类多，形态变化也多。口袋除有实用功能外，还具有装饰作用，使服装造型日臻完美。口袋大体上可分为贴袋、挖袋和插袋。

（一）贴袋

贴袋是将布料裁剪成一定的形状后直接辑缝在服装上的一种口袋。贴袋制作简便，样式变化极多。最简单的贴袋是四方形，辑好袋口，用明线辑在衣身上完成。在此基础上，袋形可变化为尖角形、圆角形、抹角形、多角形等，如童装上的贴袋若设计成水果、小动物、小船、小篮子等形状，更富于童趣与装饰美。

在贴袋的结构上加以适当组合，能产生多种风貌的口袋。如袋口处可以翻出贴边或加一假袋盖，还可锁上扣眼，加上搭襻；若把袋盖辑缝在衣身上，就成为有袋盖的贴袋；贴袋上面加一挖袋，就称为贴挖袋；贴袋上加褶，常用在军装和猎装上；贴袋侧缝加褶就成为风琴袋。此外，在贴袋上还可以安装拉链、绣花，印上图案、文字或商标等。

（二）挖袋

挖袋是在衣身上按一定形状剪开成袋口，袋口处以布料辑缝固定，内衬以袋里的口袋。挖袋分开线挖袋、嵌线挖袋和袋盖式挖袋三种。开线挖袋的袋口固定布料较宽，约1cm左右，可以制成单开线或双开线，日常服中用得较普遍。嵌线挖袋的袋口固定布料较窄，仅形成一道嵌线状。在开线袋上加缝袋盖，即成为袋盖式挖袋。挖袋的袋口、袋盖可有多种变化，如直线形、弧线形等；在口袋排列上可以呈横、直、斜形变化。

（三）插袋

插袋是指在服装拼接缝间留出的口袋，由于口袋附着于服装部件，不引人注目，所以不影响服装的整体感和服饰风格，是较为实用朴素的一种袋型。插袋上也可加各式袋口、袋盖或扣襻来丰富造型。

口袋的种类很多，形态又富于变化，因此在进行口袋设计时，需注意局部与整体之间在大小、比例、形状、位置及风格上的协调统一。

口袋的选配还需注意不同服装的功能要求以及服装面料的性能特点。一般说来，制服、工作服、旅游服等比较注重口袋的造型设计，而礼服、睡衣、舞会装等则不强调口袋的设计。布质松散及透明织物的服装不宜做挖袋，以免袋口散开，影响牢度，或破坏服装的整体形态感。丝绸类较轻薄的服装以及紧身合体的服装则大多不做口袋，以保持服装的飘逸感和适体感。

二、纽扣设计

纽扣是服装中不可缺少的部件，它除了具有扣紧、固定服装的实用功能外，还起着装饰作用。由于纽扣在衣装上常处于显眼的位置，正确选择好纽扣，可产生画龙点睛的效果。

纽扣的形态琳琅满目，应有尽有。纽扣的材料有贝壳、金属、木头、塑料、皮革、骨头、陶瓷、布料等。纽扣的种类也极多，如按扣、搭扣、四合扣、衣钩、拉链、卡子、系带等。

纽扣的选择与服装功能、造型风格、整体尺寸有关。如瘦小紧身或半紧身的衣服常用数量较多的纽扣或中等大小的纽扣；而宽松大衣则不必配很多纽扣，宜配以稍大的纽扣，并与大衣前片的尺寸相适应。过于平淡的衣服可用造型美丽的纽扣以增装饰性；华丽的服装则应尽量掩盖纽扣，采用不过于显露的衣钩、暗扣、拉链等使服装充分展现其本身的风采。我国妇女的旗袍、短袄常在前襟配上盘花扣，盘成菊花、凤凰、寿字等各种图形，既精致华丽，又极富民族特色。

三、装饰设计

服装工艺装饰的选择与运用也很重要。不同的工艺手段，具有不同的魅力与装饰效果。服装上缀以恰如其分的工艺装饰，能丰富造型、美化成衣，获得锦上添花的功效。

(一) 褶裥

这是由布料的褶纹、皱折、衣裥、波纹等装饰线构成的一种工艺装饰，可用于修饰形体，也可用于局部装饰，具有华丽而丰富的装饰效果。

(二) 绣花

绣花是传统服饰工艺之一，种类很多，针法变化丰富，常用的有平绣、雕绣、抽绣、珠绣、板网绣、贴花绣等。无论是日常便服还是高级礼服，运用绣花工艺装饰，能增添秀丽高雅的魅力。

(三) 镶、嵌、滚、荡、盘

这几种装饰工艺是我国传统的服饰手工技艺，其不同的缝制技巧具有精致优雅的特色和浓郁的东方色彩。在时装设计中恰当予以运用，常能产生别致独特的装饰效果。

(四) 装饰配件

这是一类专门用于服装美化的装饰配件，如花边、饰带、穗子、领带、领结、花式饰件，以及纽扣、拉链、勾卡、标牌、饰钉等。这类配件运用于服装局部，能显示出活泼、醒目、优美的装饰风格。

(五) 扎染、蜡染、手绘

这是一类流传于民间的装饰工艺，具有粗犷、稚拙、乡土气息浓郁的特点。在时装设计中目前也有所采用，其清新独特的风格颇受推崇。

(六) 其他材料

在服装设计中除使用一般的面料外，还常以其他材料作为辅料进行工艺装饰，如天然裘皮、人造毛皮、皮革、针织物、天鹅绒、花边坯布等等。这类材料与服装面料在质感、肌理上的对比变化，丰富了服饰效果，增强了美感。

第六章

服装流行及工业化成衣

服装是时尚产品，其随时代发展变幻不同，审美趣味而不断变化，因此，服装设计师必须关注流行，研究流行趋势，能把握流行的潮头将是设计师最基本的素质。

第一节　服装流行及预测

一、服装流行的含义及发生

流行，是在特定的文化条件下和在一定的时空范围内为人们广泛采用的一种非常规的行为特征。流行行为并不只限于服装，衣、食、住、行、生活方式、建筑、工业设计和艺术领域都有流行的存在，但在服装中流行表现得最为广泛和敏感。

服装流行意味着人们服饰审美心理和审美标准的变化，反映了在不同时代和环境条件下，人们的个性表现和社会规范之间的平衡和协调。因此，服装流行体现了整个时代的精神风貌，包含社会、政治、经济、文化、地域等多方面的因素，它是与社会的变革、经济的兴衰、人们文化水准、消费心理的状况以及自然环境和气候的影响紧密相连的。服装设计者应具备对流行的敏锐观察、分析能力，才能创造出新的流行样式。

流行是如何产生的?其中有许多客观因素，但更多的是涉及人们心理欲望的主观因素。流行的发生有以下几种情况：

(一) 自然发生

人们对流行已久的东西会产生厌倦，正如时装大师迪奥所说：“流行是按一种愿望展开的，当你对它厌倦时就会去改变它。厌倦会使你很快抛弃先前曾十分喜爱的东西。”衣裙下摆的长短变化、流行色的不断更迭，都是由于人们对流行已久事物的厌倦，进而便自然会产生对新颖或相反形、色的喜好。

(二) 必然发生

这是指随着社会、经济和生活方式的改变，所带来的审美趣味的必然变化。如工业革命和女权运动使贵妇人式的曳地长裙销声匿迹，随之而起的职业女服正适合步入社会的女性的审美需求。

(三) 偶然发生

在社会生活中，某些偶然的政治、科技或文化事件也会引起服饰的某种流行趋向。如太空科技的进展使宇宙服流行一时；一场大型运动会的举行又能使运动装广为风行；一部风行的电影也会引起时尚潮流。

(四) 模仿发生

人们总是喜欢模仿自己所钦慕的人，自觉或不自觉地仿效名人、明星的衣着打扮，而名人的衣着行为就会成为推动流行的传播媒介。这类例子在生活中是不胜枚举的。

二、服装流行的规律

服装流行具有一定的周期和规律。一般说来，一种服装的流行从推出开始，经过普及达到流行高潮，最后退出流行，这称之为服装的生命周期。生命周期包括产生阶段、发展阶段，盛行阶段和衰退阶段，这也就是流行的一般规律。

(一) 产生阶段

流行之始如河流的源头，涓涓细水却预示着潮流所向。一般以巴黎、米兰等时装中心，最先孕育流行的趋势，每年举行两次时装发布会，展示著名设计师的最新作品，代表了世界时装发展的主流和倾向。

(二) 发展阶段

这是时装由演示性、艺术性向实用性、商业性的转化发展的过程。时装公司和商店依照设计师的最新设计精神，结合市场流行状况，推出流行市场的实用服装，使之成为社会上最时髦的新潮样式。

(三) 盛行阶段

这是流行的稳定阶段，时装为社会上的多数人接受，并进行大量的生产，形成了最广泛的穿着潮流，流行也由此达到高潮。

(四) 衰退阶段

流行到达顶端后，曾风靡一时的样式已变得司空见惯，失去了新鲜感和时髦感，逐渐显得陈旧、落伍而被淘汰，流行终趋衰退。与此同步的是一轮新的流行周期又开始了。时装的流行就这样不断地演进、变化、向前。

三、服装流行的预测和推广

要预测流行，首先要掌握流行的历史，只有了解昨天，才能把握今天，进而预测明天。追溯20世纪以来的服装流行史，仅从服装轮廓造型看，就可以发现女装肩部、腰部、裙摆变化的规律性。如果更仔细地研究，还能从腰节线的高低变化及袖形和领形的变化中发现许多具体的演变趋向。依据这些历史资料的比较与分析，就能对服装流行的趋势作出总体性的推断与预测。

服装流行包括造型、色彩、面料、装饰和加工手段等诸多方面，其中流行特征最明显的是形、色、质。服装造型、面料色彩和材质的变化具有强烈的时代特征。因此，服装设计师应对流行的脉搏十分敏感，并及时注意服装的主题、结构、色彩和材料流行的新变化。如穿着风格的新倾向，造型结构的新改变，流行色彩的新格调，图案花形的新变化，面料材质的新开发，以至服饰品和发展型的新特点等等，都要尽快掌握，信息灵通。当然，要捕捉流行的踪迹并非轻而易举，因为影响、制约流行的因素很多。有时一些偶然的事情也会带来令人意想不到的流行，如社会变革的突发、电影戏剧的上演等。但从哲学意义上看，偶然也是一种“必然”，所以设计师应注重有关资料的探寻归纳，从中分析、推测服装流行的新趋势。

不同的时装式样具有不同的兴衰演变规律。英国一位时装专家曾绘制了一个时装曲线表，从曲线可看出，凡流行特征明显的服装，其曲线呈大起大落之势，即服装流行来得猛，去得快；反之，一般的便服和常服，其曲线相对平缓，即服装能保持相当的时期而不显得过时。服装的款式、色彩及面料都具有这一特性。由于人们的衣着需求是千变万化的，所以在流行的大潮中，往往是多条曲线交织在一起；各条曲线也并不是都有规则的，有的经过几十年才开始回复，有的在几年内便跌入低谷而销声匿迹。服装流行的这种特性需要设计师独具慧眼予以分析研究，对于某一款式或色彩、面料的服装，可以大致预测到它的流行趋向和流行趋势的急缓强弱。

服装的流行基于人类的社会特性和趋同心理，因此，流行可以运用人为的手段加以促进和强化，以扩大流行的影响并吸引更多的追随者。一般运用广告、传播媒介和时装发布等方式对新的潮流趋势进行权威性的宣传，可以诱导消费者对新趋势的注意，进而产生追随的欲望，促进购买行为。此外，运用树立形象的方法，以名牌、名家的形象宣传流行趋势，使人们产生一种追随时尚的精神需求，从而形成非理性的从众行为，刺激购买欲望。随着服装世界的千变万化和市场竞争的日趋激烈，认真研究时装流行的客观性，寻求时装促销的多种途径，已成为服装设计师必须关注和研究的重要问题。

第二节　流行信息的分析与收集

服装设计师的任务在于向社会提供既能体现时代精神和民族风貌，又富于现代审美情趣的服式。这并非脱离现实、冥思苦想所能达到，而是必须紧紧把握时代脉搏，洞悉国内外服装信息，掌握销售市场的变化以及社会消费心理的需求，才能顺应潮流，引导潮流，有所创造。因此，设计师对于服装信息的综合分析和广泛收集是极为重要的。

一、服装信息的综合分析

服装信息的综合分析包括四个方面：季节信息、传播信息、社会信息和市场信息。

（一）季节信息的分析

1. 气候的适应　掌握设计对象所在地区的气候情况和特点。

2. 季节的适应　批量生产的成衣总在每个季节到来前投放市场，因此，设计师必须了解前一、二年同季流行的服装款式，收集反馈信息，分析流行趋势，在预测的基础上提出可行的方案。此外，在季节性经销中，还需随时了解产品销售信息和销售饱和度信息，掌握畅销产品的趋向。

（二）传播信息的分析

1. 历史传播　服装是沿着社会历史发展的轨迹而同步向前的，虽然这是一个漫长的过程，但服装本身是具有其历史延续性的，从事服装设计的人员，应对服装的沿革与发展有足够的了解与研究。

2. 文化传播　服装是民族文化的一个组成部分，服饰文化的相互影响和渗透也是一种文化的传播。因此，对世界各国、各民族服装文化进行分析、吸收、融合，将大大丰富本民族的服饰艺术。在信息传播日益发达的当代社会，国际间服饰的交流与影响更为深入，一种新时装的出现，往往会兴起全球性的热潮。所以，对服装文化的传播信息，既要重视传统渊源的分析，也要注重时代思潮的分析。

3. 消费传播　层次不同的消费者构成了各种类型的消费群体，它们之间的相互传播、影响，形成了促进服装消费的主流。世界各国因政治、经济、文化的历史与现状不同，消费群体的结构亦有差别。以我国的情况综合分析，服装消费群体大致有四种类型：

先导型：由大量的青年人组成。追求时髦，善于模仿，审美观念不甚固定，但对新事物有敏锐的触角。他们购置服装有强烈的求异心理，是推动时兴服装的一支生力军。

传统型：有一定经济实力，重视传统审美观念，有较好的审美趣味，往往因职业或固有的惯性使其在衣着上保持稳健，对服装的要求是大方、高雅、实用和有选择地顺应服装发展的趋势。

实惠型：经济力量较单薄，购置服装时，价格因素是首要的，着意于服装的实用和耐穿。他们是廉价和削价服装市场的消费对象。

保守型：顾名思义，观念上因循守旧，对流行的时装存有偏见，但终究不能影响大势，而是随着时代潮流缓步前进。

总之，消费者群体正是在这互相作用、互相制约的演变中，构成了消费信息链。

(三) 社会信息

社会信息包括政治、经济、社会思潮、科技和生活方式等几个方面的因素，这些因素的动向对于服装形态的发展与变化影响很大。

1. *政治因素*　在世界各国的历史上，凡有重大的政治变革，服装形式亦随之产生很大变化。如辛亥革命推翻了清王朝，西式服装、中山装逐渐代替了长袍马褂。

2. *经济因素*　经济水平的提高，促使纺织、服装工业的发展，也使人们对服装的材质、造型和花色等不断提出新的需求。因此，服装消费的进展与经济的增长是成正比例的。

3. *思潮因素*　社会思潮在服装信息中是一个重要的因素。一些文艺思潮和艺术风格的兴起，如现代主义风格、构成主义、后现代主义等，对于服装设计产生了重大的影响。

4. *科技因素*　科学技术的发展，对于服装业有着直接的影响。新型纤维的应用、新颖面料的问世、染织新工艺的改进，都给服装设计与生产开拓了广阔的创新途径。

5. *生活方式因素*　人类的生活方式，随着物质生活和精神生活的提高而变化。衣着是生活方式的重要方面，处在高效率、快节奏的当今时代，应设计出与现代生活方式谐调的服饰，以适应人们工作与生活的需要。

(四) 市场信息

分析市场信息，掌握市场竞争策略，对于开拓新的服装形式和扩大时装流通规模，关系甚为密切。市场竞争是最关键的，要了解市场消费者、消费心理、审美趣味、经济状况、对手的情况等等，然后采取对应策略。

1. *以新取胜*　运用新款式、新面料、新工艺、新花色、新色彩等进行创造性的设计，使服装市场保持旺盛的生命力和强烈的诱惑力。

2. *以优取胜*　在服装市场中，消费者对服装的使用价值有特殊的关注，因此优质——款式优美、制作精良、使用价值高，应是设计构思的重要一环。

3. *以快取胜*　在服装市场的竞争中，必须立足于快、先二字，抓紧时机，推出应时、应季节、应潮流的服式，步步占先，以快速取胜。设计师应敏锐地捕捉时机，设计打样快，批量生产快，宣传广告快，上市销售快，使设计的服装能快速占领市场。

4. *以廉取胜*　价廉与物美是服装市场吸引消费者的两个主要条件。设计人员需极力降低成本，减少损耗，降低价格，做到质优价廉，扩大销量。

5. 以信取胜　良好的信誉是争取市场的关键，树立良好的企业形象，品牌形象，也是服装企业与设计人员共同努力的目标。

二、服装信息的收集

收集服装信息是服装设计人员的一项重要工作，目的在于掌握服装发展的动向，走在时代潮流的前面，引导服装的开发创新。服装信息收集的途径很多，信息量也很丰富，设计人员必须多方位地收集、分析、归纳、筛选、储存这些信息，把它们作为设计的依据。

(一) 考察消费者的心理要求

(1) 通过访问、座谈、柜台征询、典型调查，以及商品展销、试销等方法，了解消费者对服装性能、品种、规格、质量、款式、花型、色泽等的要求

(2) 通过直接观察人们的穿着，了解市场流行趋势，收集新款式与新花色；同时还可考察各地风土人情、民间服饰及图案色彩，积累资料。

(二) 收集有关的统计资料

收集官方贸易部门的统计数据，各大商场的排行榜等有关服装的情况，进行分析统计，也可以进行市场调查，问卷调查等方法，以用来预测社会各层次消费群对服装的需求量。

(三) 收集世界服装信息

(1)收集国际流行色协会每年每季前发出的流行色卡，各类时装媒体的信息。了解各国投产的流行新面料情况。

(2) 收集巴黎、伦敦、米兰、纽约、东京每年两次的时装展，以及高级时装表演会和面料博览会所发布的时装新款式信息。

(3)收集有关时装潮流的时代背景、社会经济、文化科技、文艺思潮动态等方面的信息。

(4) 具体注意以下一些情况的变化特点：外轮廓线的造型风格，衣料的选用，服装图案与色彩，发型与服饰品，以及流行趋势等。此外，还要注意收集民族服装信息和服装历史发展信息，以开阔视野，提高审美水平。

第三节　样衣的产生与意义

一、样衣与工业样衣

成衣在批量生产之前，首先要做成样衣与工业样衣，在生产工厂和商业贸易上又称作实际样品。

(一)样衣

样衣是提供给商业部门作为订购的样品。借此可以直观地评估服装的艺术构思、工艺水平、衣着效果、面料与辅料的选用以及价格的高低，以便考虑市场销售的可能性。

样衣的试制过程如下：

1. 纸样　根据款式造型，标出衣服各部件的尺寸，并画出纸样(1∶1 裁剪图)。纸样选用的纸张视不同面料而定，薄型面料如丝绸、仿真丝的化纤织物等，可用白报纸；厚型面料如呢绒毛料，应选用牛皮纸。

2. 坯样　将白坯棉布按纸样裁剪后缝成的衣服，称为坯样。坯布的质地应与面料相仿，如丝绸面料选用薄的棉坯布，呢绒面料选用较厚的棉坯布。坯样制成后挂至人台上，用以检验成衣的造型是否与设计相同，核对比例和线条，并作修改补正。一些装饰褶和复杂结构的剪裁，于坯样缝制前可以直接在人台上进行，以取得满意合体的效果。此外，还需检验衣服在动态与静态中的轮廓变化和服饰效果，使样衣剪裁时能够据此合理调整。如贴身型的服装需有恰到好处的放松量，举手抬足不受影响，较为自如，运动后亦能使衣服的造型还原不变。坯样中的这类问题经仔细检查后，需在纸样上一一予以修改。

3. 样衣　根据修改后的纸样，使用选定的面料、里料、辅料，即可制成样衣。

为大规模生产而进行的设计，最受限制的因素是价格和市场。因此样衣的成本核算，以及样衣的标准尺码(小号、中号、大号)，都应考虑到市场的接受能力和各种体型的衣着对象。此外，设计中一些关键的造型线条，在剪裁缝制样衣时要精确细致，使设计构思通过样衣能得到完美的体现。

(二) 工业样衣

工业样衣是根据客户提供的样衣和订单的规格、尺寸要求而制作成的生产样衣。在下达生产之前，需进行面料的缩率测试，生产工艺流程的合理安排，以及样板的推档等。批量生产时，工业样衣成为检验产品质量的依据，因此工业样衣制成后，必须经客户确认，方可投入生产。

工业样衣在试制过程中需注意以下问题：

1. 布料缩率　工业样衣的样板尺寸必须将面料、里料、衬料的缩水率计算入内，以保证服装成品的规格与样衣的一致。如呢大衣的样板尺寸应包括蒸气整烫中的缩率以及呢料与里布各自不同的缩率。真丝砂洗成衣的样板也需考虑衣服经砂洗后，面料经向与纬向的不同缩率。

2. 生产效率　工业样衣有别于度身订制的服装，大批量生产的服装需简化某些结构，以便提高生产效率，保证质量。因此，合理的服装结构和工艺流程，严格的工艺单在生产中具有保证产品规范化的作用，这是工业样衣试制时必须注意的。

3. 机械设备　工业样衣试制中还需包括机械设备的选用。如有些衣服胸前的一排褶裥装饰，或是百褶裙的定型工艺等，均要选用专用设备辅助生产。

4. 技术探索及其他　工业样衣试制直到正式投产前，还有许多问题需认真探索，其中包括技术、设备、经济效益以及日产量方面的问题。目前，对工业样衣进行技术方面的探索是设计人员和科技人员共同研究的新课题。例如登山服、滑雪服内衬保暖材料羽绒、太空棉等选用重量的多少，可通过人体衡温测试，以及不同结构服装(封闭式或敞开式)保暖性的测试，制定相应的标准。因此，发展中的成衣业要求以现代科技、新材料、新设备、新工艺和先进的企业管理为基础，凭借设计师和工艺师的丰富经验，创造出最科学的设计和最先进的加工手段。

二、样衣分析

服装工厂与服装公司多数都备有设计室或打样中心（样板房），它们的任务大致是相同的，前者主要致力于服装新款式的设计与研制；后者一般设在工厂，是生产技术科的一部分，主要任务是制作工业样衣和生产样板。样衣工作是确保成衣生产销售的第一步，也是服装工业的重要环节之一。设计师应该明确样衣工作的任务和职责，认识样衣工作的科学性、细致性和重要意义，认真对待这项工作。

为成衣生产进行设计研制的设计师，必须分析样衣是否新颖合体，选料是否正确，板型是否妥贴，成本是否合理等等。

(一) 创造新的款式

设计师应掌握当前服装流行动向,预测未来发展趋势,结合个人的艺术风格,创造新的服装款式。同时将新的服装材料溶入设计,创造出顺应当代人们要求的舒适、简明的衣着观念和具有时代风貌的新颖衣装形象。

(二) 正确选择面料

设计师应对服装面料,尤其是对新型的纺织品面料具有敏锐的觉察力,并且正确地加以选择使用,保持织物风格与款式风格的一致性。设计师还应注重面料的服用功能分析,以确定服装正确的放松度和最佳比例。如同一种款式的纸样不能用于不同厚薄的面料上,厚的面料有膨胀感,在放松度和比例上需适当缩减。因此,设计师要注意积累有关面料选用上的知识与经验,以有助于设计与生产。

(三) 板型应当得体

样衣的板型是至关重要的,严格的板型将有利于型的塑造,也有利于批量生产和推档的正确性。

(四) 掌握市场需求

设计师需对样衣的销售负责,使其样品赢得订单和销售市场。为此应经常进行市场调研,掌握市场需求。如从地区需求差别看,我国北方市场服装尺码较大,南方市场则尺码较小;农村市场要求鲜艳的色彩,城市则多数要求协调的中间色。此外,还应注意样衣的成本核算和市场价格的估计,以便满足高、中、低档服装市场的不同需要。样衣的设计必须要有针对性、适应性,能为多数人接受,才能获得工厂企业的认可与欢迎。因此,设计师要勤于市场调研,以保证设计方向的正确无误。

(五) 重视工艺配合

设计师是样衣设计的主导,但样衣工作不是设计师一个人所能完成的,他必须与打样工人、车缝工人通力合作。设计师首先要将自己的设计意图传达给打样技术工人,并与他们共同商讨纸样中每一条线能否正确地反映设计意图。在打样、推档、裁剪等方面也有一些技术性的问题需要解决,最后还要由车缝工将衣服合成,在工艺上体现服装的外观形态和内在品质。因此,样衣的制作是否顺利,是否能完美地展示设计特点,这些是与工艺技术上的配合分不开的。

第四节　现代成衣设计

服装业的发展,与科技的进步、经济文化的繁荣以及人们生活方式的变化密切相关。制衣业从往昔的量体裁衣式的手工操作,发展为大批量的工业化生产,形成了服装的系列化、标准化和商品化。当今人们对服装有了更高的要求,服装市场的成衣率越来越高。

当前,服装工业采用新的组织管理方法,借助计算机技术,大大改变了服装设计和制作状况。目前应用的系统,包括以下几个方面:

一、服装设计 CAD

这是一个用微电脑控制的、快速而多用途的款式设计与配色系统。整套系统包括草图绘制、服装款式和色彩搭配组合等,取代了以往的草稿纸和铅笔效果图,使设计工作能迅速、准确而又简便地在此系统上进行。设计师利用显像屏幕、光笔和数据图形输入板,可以绘制设计草图,按需要放大或缩小图像形状；也可以将各种服装的基本款形及零部件制成软件，供设计时选用和重新组合。此外,还可以借助电子计算机的色彩库作为调色板,在几分钟内改变图像颜色,选配合适的布料,以求得最佳设计效果。现在国内外对服装 CAD 设计软件进行开发,各有长处,已成为现代成衣设计的极好助手。

二、自动推档排料系统

计算机运用数学坐标构图,将记录的形状信号翻译成数字信息输入存储器中。一个基本形状的重要特性和推档信息存入计算机后,就可以进行推档,并可画在样板纸上;同时还可用来为排料工构造排料图。这一系统能协助描样人员进行号型放缩、样板检修、排板及排料的绘制作业,具有节省布料、缩短工作周期、提高生产效率、确保服装品质和减轻劳动强度等功效。

三、电脑自动裁剪系统

这是适合成衣生产使用的自动裁床。这一系统可依照计算机完成的排料图,经由小型电脑控制的裁刀在裁床上运转,自动将裁片精确地切割出来。完成了这些精确的裁片,也就迈出了成衣生产自动化具有关键性的第一步。

电脑运用于成衣设计、排料和剪裁已愈来愈普遍,学会服装 CAD 将有助于未来服装业的开拓。

第七章

男装设计

当代男性对于衣着有了更多、更新的需要，在时装潮流中亦表现出不亚于女性的热衷与追求。优雅得体的服装可以体现男子的风度和气概，不同款式的衣装可以满足男子参与各种社会活动及日常生活所需。应该承认，男装相对女装而言，变化较缓，但其时尚感更多表现在风格与细微之处。

第一节　男性人体特点

设计师必须通过对人体比例、解剖结构、形体结构和空间结构的分析，才能进行服装设计的构思创作。

一、男性人体比例

由于人种、民族、性别、年龄的差异，人体比例是各不相同的。通常的人体比例概念是指生长发育匀称的男性中青年人体平均数据的比例。

服装设计中的头身比例是使用最多，也是最主要的一种人体比例，这是指人体头部长度与全身高度之比。根据我国有关部门对中青年男性进行测量的数据，我国男性平均身高为170.9cm，头高为22.92cm，头高与身高之间的比例为1:7.54，即身高为七个半头的高度，简称为七个半头身(图7－1)。

二、男性人体结构的特点

男性肩宽，胸廓发达，胯部较窄，腰与臀部的差数较女性小。躯干较平扁，腿比上身长，呈倒三角形。男子皮下脂肪较少，皮肤下的肌肉和骨骼的形状，能明显地表现出来。

男性人体结构由于年龄、胖瘦以及人种的区别，也显示出了一些差异。青少年男子的躯干、胸椎挺直，肋骨的倾斜方向与水平面交角较小；老年男子的躯干、胸椎弯曲，肋骨的倾斜方向与水平面交角较大。体瘦的男子肌肉不发达，体态单薄；胖体男子则因过多的皮下脂肪而变得臃肿。从人种差别上看，欧洲男子的胸部厚而宽，身材高大；东方男子的胸部薄而窄，背部较扁平，身材略矮。

图7－2为男性人体结构比较图，包括男性与女性的比较、青年男性与老年男性的比较、男性体型胖瘦的比较。

品种繁多的各类服装的设计都离不开对人体结构、生理和运动的研究，因此，服装设计专业人员需要多多掌握有关人体结构的知识，如“人体工程学”、“人体运动学”、“艺用人体解剖学”等，掌握这些相关领域的知识将有助于服装设计水平与能力的提高。

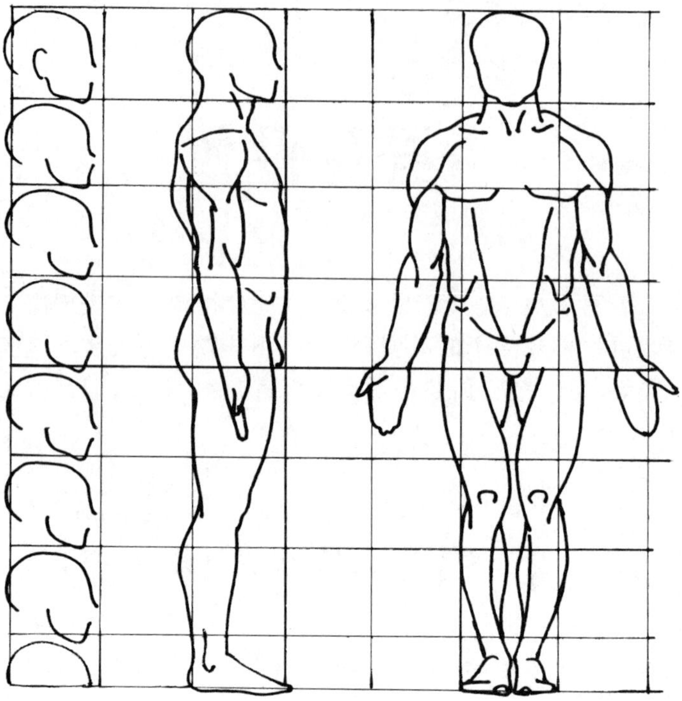

图 7－1 男性人体比例图

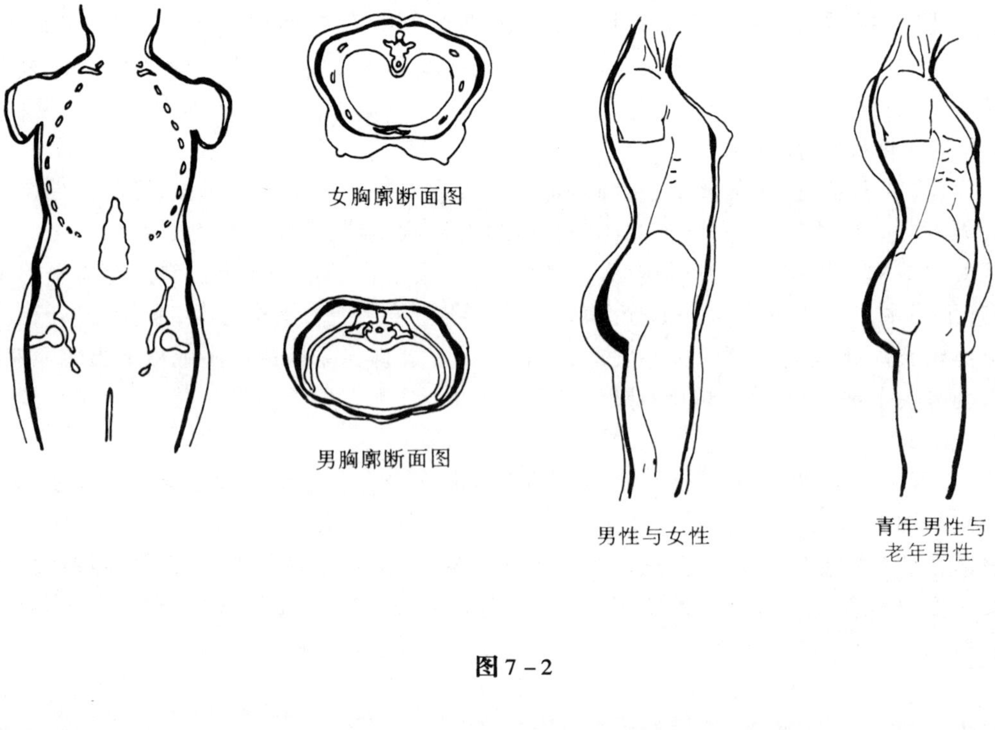

图 7－2

第二节　男装类别

男装需表现男性的气质、风度和阳刚之美，强调严谨、挺拔、简练、概括的风格。设计中着重于整体的轮廓造型，简洁、合体的结构比例，严格、精致的制作工艺，优质、实用的服装面料，沉着、和谐的服装色彩，此外还需要协调、得体的配饰物件。

男装的种类很多，既有需合乎穿着时间、场所与目的的正式服装，如西式礼服、西装等；又有追求个性风格、自由随意的日常便服，如闲暇服、运动服等。从服装用途分类，男装可分为礼服、准礼服、常服和内衣四大类。

一、礼服

（一）燕尾服

燕尾服通常也称晚礼服，是下午六时以后穿着的高级礼服。这是皇室与宫廷元首在国家级的仪式或典礼上穿用的正式礼服；此外，在古典音乐演奏会上，演奏家、歌唱家和指挥也穿这种礼服。

燕尾服为前襟短至臀上、后摆成燕尾状的西服，驳领常采用半剑领与丝瓜领款式，前胸使用双排扣。燕尾服以黑色或深色礼服呢制作，领面用绸缎料制成。燕尾服需与白色背心、白色硬领、前胸缀褶裥的衬衣及西裤配套穿着，这类服装已约定俗成，无须更多设计。

（二）晨礼服

晨礼服为白天穿用的正式礼服，通常在参加各种仪式、结婚典礼、告别酒会、丧事活动时穿着。

晨礼服为前襟至后摆逐渐加长，并呈圆弧形的西服，后摆开衩，剑式翻领，前腰处使用一个纽扣。晨礼服以黑色礼服呢制作，配以同一面料的背心，单边裤脚的灰色或黑色条纹西裤，并与白色普通合体型的衬衣组合穿着。

二、准礼服

（一）晚会用准礼服

晚会用准礼服又称正餐外套、晚礼外套，是夜晚的社交用服，在宴会、鸡尾酒会、剧院、舞会、婚典等场合广泛穿着。

晚会用准礼服为西装形式，采用单排或双排扣，驳领用剑领或丝瓜领，并配以黑色或深蓝色单边裤脚的西裤，以及与上衣同一面料的背心。面料使用礼服呢等，夏季可用白色的毛织物或毛与亚麻的混纺织物。近年来这种礼服常省去背心，而代之以丝绸制成的装饰腰带，腰带色彩与领结色彩互相配套。

（二）套装

套装穿着范围较广，它可代替晨礼服、晚会用准礼服、结婚礼服、宴会服、聚会服，也可在一般场合穿着。近年来，已成为普遍穿着的西装了。

套装的款式与西服相同，也可稍作变化，但应保持优雅、豪华的特点。驳领采用宽或窄的剑领，单门襟与双门襟均可用，纽扣从腰间起有一粒至二、三粒的变化，双门襟则用双排扣。套装的面料为礼服呢，夏日使用白色毛织物或毛麻混纺织物。

（三）董事套装

这是公司董事长或学校校长日常办公与正式场合时的衣装。一般为黑色的西装与条纹裤、背心的组合。

三、常服

（一）西装

西装是穿着十分普遍的男装，可作为日常上班服，也可在一般的正式场合或非正式场合穿着。

西装的领、袖、衣长等基本设计是固定的，没有太大的变化，只是在双门襟或单门襟，驳领的宽窄与角度，以及衣摆门襟的方圆与角度等方面作一些改变。西装面料可以按照各人的喜爱自由选择。

西装通常与同一面料的西裤、背心，以及衬衫、领带配套穿着。在日常非正式场合，也可改变上衣与裤子的色彩配置，但须注意衣、裤之间的色彩调和。西装的穿着方式常有一些变化，如西装内配以高领毛衣，可不需打领带；西装内穿敞领的条格衬衣则给人以轻松自由的感觉。

（二）运动服

运动服因运动的特点和需要不同而有多种款式，如狩猎服、骑马服、登山服、滑雪服、花式溜冰服、棒球服、足球服、篮球服、橄榄球服、高尔夫球服、摄影服等。一些运动服只能在特定的运动中穿着，但一般性的拉链运动衣裤、套头装等，在日常活动中也可穿用。

（三）休闲服

轻松、自在的场合中穿着的日常服装，基本形式为便西装、茄克装、牛仔装、运动茄克等。休闲装有悖于正装的主要原因是，穿着随意、潇洒。在美国学校主要以此类服装为主。

四、内衣

内衣具有吸湿保暖的功能，并能保持外衣的清洁、美观。内衣包括汗背心、田径衫、圆领或V领短袖汗衫、T恤衫、棉毛衫、内裤、平脚裤、田径裤、针织三角裤、棉毛裤、睡衣、睡裤等。

第三节 衬衫设计

由于穿着场合与功用的不同，男衬衫的款式变化较多，在材料、花纹、色彩的选用上也很丰富。在时装流行趋势的影响下，男衬衫正越来越显示出风采和活力。

一、男衬衫的种类

男衬衫因款式和用途的不同，可分为礼服衬衫、日常衬衫、休闲衬衫等。

（一）礼服衬衫

礼服衬衫是在重大的礼仪庆典上穿着的衬衫，与燕尾服或晨礼服配合穿着，以其平挺、华美的外观，显示出优雅高贵的绅士风度。

礼服衬衫保持了欧洲古典风格。衬衫合体，略有腰线，前胸与门襟有坚胸式或褶裥胸式的装饰，以小花边等传统工艺进行修饰美化，在此不赘。礼服衬衫及其装饰附件见图7－3。

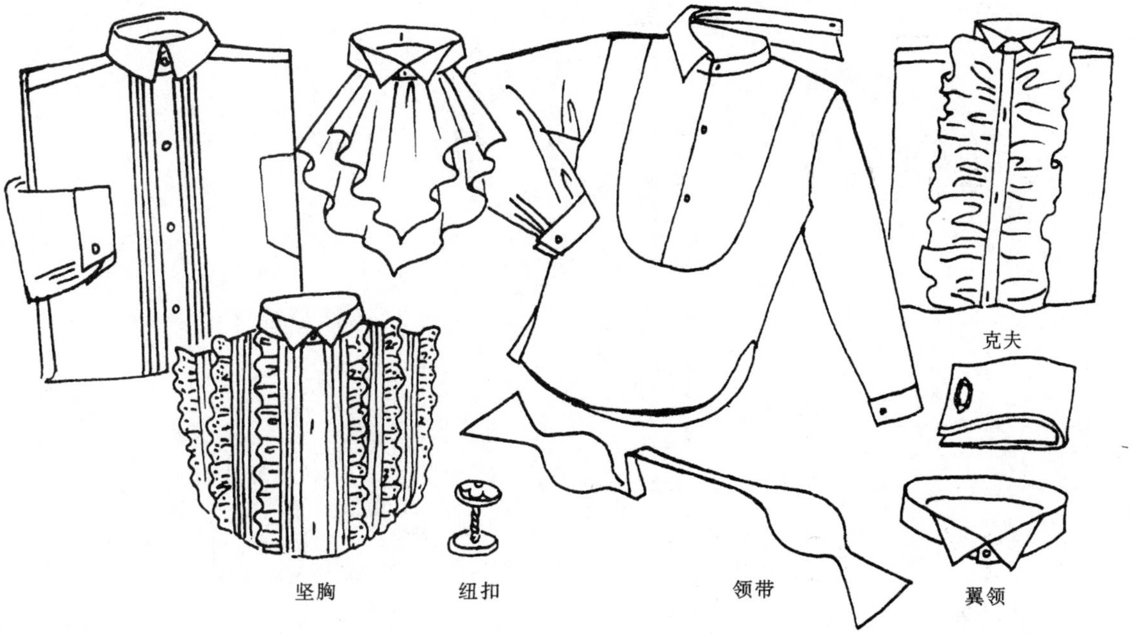

图 7－3　礼服衬衫

（二）日常衬衫

日常衬衫分为两种，一种是穿在西装内的，另一种是外穿式的。西装内穿着的衬衫造型、尺寸等与礼服衬衫相同，只是前胸不必饰以坚胸或褶裥。目前一般日常穿着在西装内的衬衫较简练，也没有什么附加的装饰，是一种最基本的衬衫款式。

外穿式的衬衫胸围、袖围较宽松舒适，腰呈直线形；领有硬衬与软衬两种；门襟也有贴门襟与普通门襟两种；衬衫纽扣与服色相同。这种外穿式日常衬衫在款式结构上可作不同变化，也可附加一些剪缉、搭襻之类的装饰。面料色彩多为浅淡的白色、浅蓝色、灰色、奶白色，或浅色条纹、格子；凉爽的秋季也可穿用略深的条、格类面料制成的衬衫。

（三）休闲衬衫

休闲衬衫是一种洒脱、舒适的衬衫，无论上街、旅行、散步、一般性访友或办公都可穿着，既有个性又不失文雅，老少咸宜。

休闲衬衫的款式通常是衣身宽松，衣长可长至膝上，也可短至胯间，形似茄克。肩袖形式较多，有装袖（平接袖）、落肩袖、插肩袖等。衣袋的造型与布局可任意变化，无过多约束。这类衬衫的款式以及面料和色彩的选用均可根据个人的爱好自由选择。

近年来，休闲衬衫常使用宽窄不一的条子布或砂洗布、水洗布制作。年轻人则喜爱用青年布制成牛仔衬衫，钉上铜扣，衣领饰以金属领角或装饰商标，并点缀一些电脑绣花图案与文字，具有活泼、豪放的气概。

此外，还有一种美国夏威夷风俗衬衫，是夏天穿在裤外的开领式短袖衬衫。下摆为平角或圆角，两侧开短衩口。衣料选用色彩鲜艳的印花棉布，图案较大，有几何纹样与热带纹样。这种衬衫轻松潇洒，作为家常服或海滨服是最适宜的，图 7－4 为休闲衬衫的几种款式。

图 7－4　休闲类衬衫设计图例

二、衬衫的设计

(一) 轮廓造型

一般男衬衫的轮廓造型已形成了一定的格式和规范，多为端庄合体的 H 型轮廓。休闲衬衫的轮廓则可采用夸张的手法进行变化，如夸张围度，使衬衫显得宽松肥大；夸张肩部并衬以垫肩，使之显得平宽，或呈方形、圆形。此外，也可运用模拟的手法设计衬衫的轮廓造型，如模仿军服的 T 型轮廓，模仿印度尼赫鲁装的瘦长造型等。

(二) 结构设计

传统男衬衫的结构保持相对固定的形式，但在结构线条、门襟、下摆、克夫等部位可有适当变化，如光边门襟或翻边门襟，圆摆或方摆，开衩或不开衩，方角、倒角或圆角克夫等等，门襟与克夫的缉线也可有宽窄变化。

休闲衬衫是一种洒脱型的衬衫，在形态结构上能进行多种变化。如采用东方情趣的圆形分割剪缉，或是军旅风味的宽松、落肩式的直线剪缉；采用暗门襟的开放式结构，或是T恤风格的套头式结构；衣摆可长可短，或采用燕尾式等新颖结构；还可采用在不寻常的位置上设计口袋，以非对称的变化产生新的动感。

(三) 部件设计

男衬衫的流行变化主要反映在领型的变化上，同时，根据领型的要求，决定领缉线的宽窄等。小格图案为面料的衬衫，常配上白色面料的领子与克夫，给衬衫增添了活泼优雅之感。

男衬衫的前胸袋变化也日趋多样，同时，衣袋上可钉以纽扣或缀以精巧的绣花图案、文字、标志等进行装饰。

(四) 面料选用

衬衫面料要求透气性好，吸湿性强，柔软、滑爽，衣着舒适，不易起皱。现代设计不拘一格，色彩、印花无一常规，目的是“以人为本”。

第四节　裤子设计

裤子是男装中的又一个大类，也是男子下装的固定形式。由于穿着的时间、场合、用途的不同，裤子从轮廓造型到结构部件都极富变化，穿着风格也各具特色(图7－5)。

一、裤子的种类

裤子的种类繁多，有西装裤、工作裤、运动裤、滑雪裤、牛仔裤、高尔夫球裤、马裤、西装短裤、中国大裆裤、土耳其灯笼裤等。从裤子的外型来看，大致可归纳为三类，即适中型、紧身型和宽松型。

(一) 适中型

一般较正规的西裤都属于适中型，这种类型的裤了具有直线形的轮廓，从腰部到裤脚有适当的放松度。造型简洁合体，强调功能性而较少附加装饰。由于舒适实用、庄重大方，所以不同年龄、职业、类别的男性都可穿着，是一种带有普遍性的裤装。

(二) 紧身型

紧身型的裤子围度小、直裆短，穿着贴体，具有矫健、利索之感。这类裤子中最有代表性的是牛仔裤。

(三) 宽松型

宽松型的裤子臀位肥大，裤裆较深，腰部以褶裥收拢或接装育克。裤身宽松舒展，穿着随意而自如，具有轻快、浪漫的风格。中国、日本、印度、土耳其、阿拉伯及东欧国家的民族服装，其裤子款式大致相同，均是这种肥大的宽松裤。

二、裤子的设计

(一) 轮廓造型

裤子的外轮廓是随着时尚流行的变化而变化的，因此带有明显的时代色彩和感情色彩。除

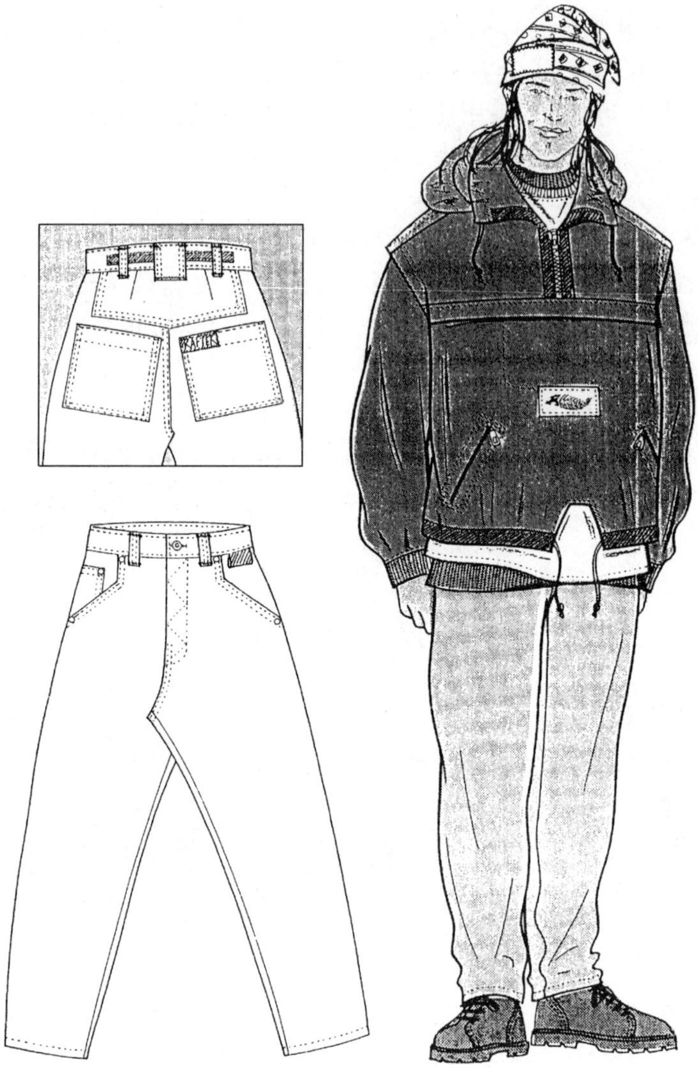

图 7－5　男裤设计图例

传统的西服裤保持适中型的轮廓造型外，其他裤子，尤其是青年人穿着的裤子都会受流行因素的影响而产生外形轮廓的新变化。如喇叭裤、直筒裤、锥形裤、萝卜裤等不同轮廓造型的裤子都曾十分流行。

纺织新面料的问世也会引发裤子轮廓的变化。如水洗布、砂洗绸、弹力面料等新型面料推出后，由于其柔软的质感和悬垂的风格，导致了裤形向宽大、松身的轮廓转变。因此裤子的轮廓设计还应注意新面料的及时开发运用，充分展示面料的特性，使裤形与面料完美结合。

(二) 结构设计

裤子的结构设计着重于腰部、门襟和脚口的变化。裤前身褶裥的有无以及褶裥条数的多少，裤后身褶裥或是育克的运用，裤腰宽窄以及形态结构的创新，脚口的单边、双边或是敞口、束拢等等，均可根据穿着目的的不同而设计变化。尤其是裤腰与门襟的设计，可吸收其他国家和其他民族的服装形式，以追求一种异国的情调与特色。

(三) 部件设计

传统型的裤子部件简单，且已形成一定的格式，大多仅在口袋的造型结构上略作改变，如侧缝袋、斜插袋、贴袋、开线袋、有盖袋等。牛仔裤与个性化较强的裤子在部件设计上则变化极为丰富，如口袋的形态及部位的安排，异形裤袋与腰带的配套运用，以及装饰部件的采用等等。这类裤子上常用的装饰手法和装饰附件有镶拼、刺绣、缉线、褶裥、四合扣、安钉、装环，以及各种扣襻、链子、商标等。

(四) 面料选用

裤子面料的选用依据穿着功能与裤形风格而定。一般西服裤以中等厚度的毛料、棉布、麻织物、化纤织物等较为适宜。牛仔裤的传统用料是靛蓝色劳动布，近年来已打破此种格局，一些新潮风格的宽松裤、紧身裤则较多采用流行型的面料，如水洗布、砂洗绸、皱纹织物、灯芯绒、针织布等。

第五节　便装茄克设计

便装茄克长度较短，一般在腰、胯之间；腰部和袖口以克夫或松紧带收缩；后背、肩部装有育克，并加褶裥；胸围和袖子宽松适度，以便于活动。便装茄克具有轻便、灵活、利索的特点。

一、便装茄克的设计

(一) 轮廓造型

便装茄克的轮廓造型十分重要。设计时要求造型美观，比例适当，能体现出风格。便装茄克的轮廓大体可分为 V 形、梯形、T 形和 II 形四种。

V 形是夸张肩部的造型，肩宽阔，身宽松，风格粗犷而有力度。

梯形是腰克夫上部的衣长有较多余量的造型，较长的衣身在腰克夫处自然膨起，显得随意而洒脱，活动、抬手等也较灵便。

T 形是基本合体的造型，按男子的体形特点设计，加以适当的放松度，具有短小精干、爽朗轻松的感觉。

H 形是近乎一般两用衫的造型，宽松适度，腰部不束紧，为直身型设计，较大方、利索。

(二) 结构设计

便装茄克的结构设计极富变化，集中表现在肩、袖、门襟、腰克夫以及分割剪缉等方面（图 7－6）。如在肩部加装饰线，产生美观醒目的效果；肩头附加襻带之类的肩饰，使造型更为挺拔优美；肩线延长呈下落状，形成肩部变宽的视错感；加强领子造型，使肩、领互相结合，增强肩部的形态感；运用多种形式的肩育克，丰富肩部的结构美感，设计方法多样，有无限的创作空间。

便装茄克的袖子可根据整体设计风格选用多种形式与结构，如套袖、衬衫袖、插肩袖、平接袖、连袖等。设计不拘一格，在肩、袖连结和袖子的剪缉及装饰上，也可进行不同的变化。

便装茄克的门襟有拉链式、揿扣式和普通叠门式。腰克夫(包括袖克夫)有松口式、松紧罗口

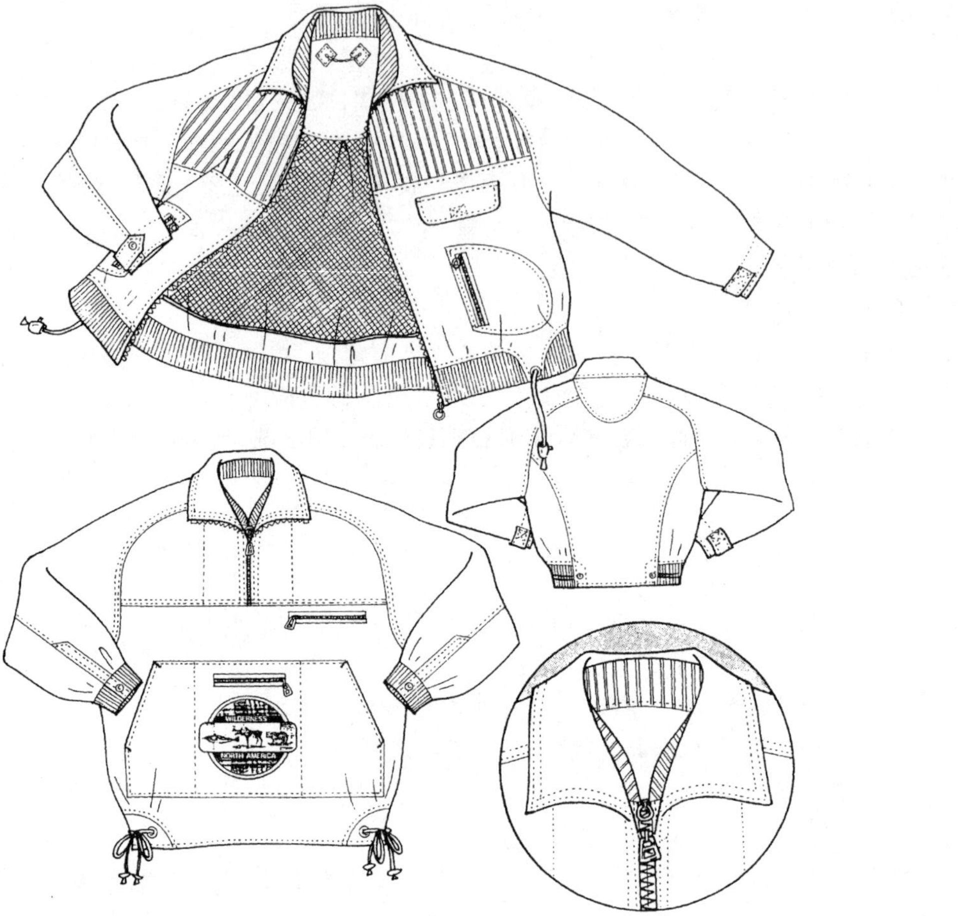

图 7－6　便装茄克设计图

式、克边式等。门襟与腰克夫的设计应相互协调，在风格、形态和缝缉工艺及装饰上都要取得和谐统一的效果。

便装茄克是一种豪放、随意型的日常便服，因此在前、后衣片和肩、袖部位，常运用不同形式的分割剪缉手法以及异色异料的镶拼、缝接等，使服装造型与结构显得活泼而有朝气、美观而又舒适。这类设计无一定限制与格式，可大胆构思、自由发挥，以获得新颖别致的整体美感。

(三) 部件设计

便装茄克的领型主要有翻领和立领两种，但形式可以多样化，材料选用也可有不同选择。口袋的设计着眼于实用性和气派感，以大口袋和粗犷、多变的形状为设计要点(图 7－7)。

(四) 装饰设计

便装茄克的装饰设计与饰物使用应与服装的整体风格相协调。常用的装饰手法有：缝钉商标、拉链、金属纽扣、金属搭扣、金属领角、人造假水钻；印染图案与文字、刺绣花纹；在领部、肘部、肩部等处以皮革装饰，或使用不同质地、不同色彩的面料镶、拼、贴、补、嵌等。一些新潮风格的便装茄克在装饰设计上更可别出心裁，以取得独特的服饰效果。

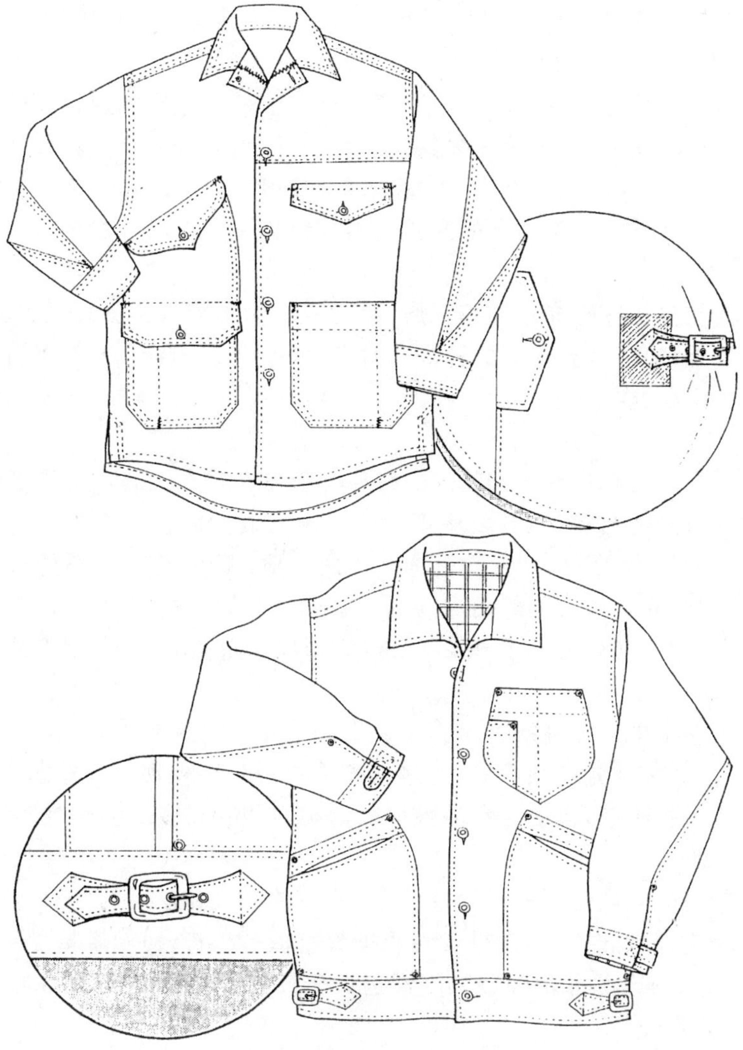

图 7－7　男装设计中的部件图示

（五）面料选用

便装茄克的面料选用很广泛，一般根据穿着时间、年龄和流行趋势而定。由于面料性能与质感的不同，在设计中须采用不同的手法予以恰当体现，扬其长而补其短。

第六节　西装设计

由于西装选材讲究、工艺精致、外观挺括，能适合不同国籍、肤色、年龄的人穿着，服饰效果稳重高雅、舒适合体，因此自问世至今，历久不衰，已成为当今男子必备的国际性服装。

一、西装的分类

根据款式特点和用途的不同，西装可分为日常西装、礼服西装和西便装三类。

（一）日常西装

日常西装包括西装背心、西装和西裤三个部分，它们使用相同的面料制作，形成组合套装。三件配套同穿显得严肃庄重，而日常更多的是只穿两件：西装和西裤。在非正式场合中，还可以穿色彩不同但又互相呼应的上、下装，色彩搭配通常是上浅下深，如灰色西装配藏青色西裤，给人以重心在下的沉稳之感。日常西装的款式造型与结构基本上已经定型。

（二）礼服西装

男子的礼服西装包括夜晚穿着的燕尾服（夜礼服）、白天穿着的晨礼服、夜晚准礼服（也可称为主餐礼服或正餐外套）。这类礼服的种类与穿着时间、穿用场合是严格区分的（详见本章第二节男装分类的有关内容）。

（三）西便装

由于现代生活方式与礼仪时尚的从简，衣着场合与衣着方式的要求已不再十分严格，男士们对于衣着也更注重舒适与随意，西装逐步改变为西便装正是适应了这种时代与生活的需求。西便装保持了西装的外形，但尺寸方面更为宽松而舒适，面料选用范围很广，工艺制作也较简单，局部使用与面料性能相适应的热熔中间衬（或称之为粘合衬）以辅助服装成型。西便装穿着时不必系领带，甚至可穿T恤衫或套头衫，门襟纽扣也无需扣上，任其敞开或自由飘动，给人洒脱、轻松和帅气之感。

一些在衣着观念上更为激进的青年男士，使西装又进一步地更新变化，变得更具有个性与趣味性，新潮西便装也就由此脱颖而出。新潮西便装可说是一种现时摩登的男士便装，青年人更喜欢将自己打扮成不拘小节、自由自在的模样。这类西装有较多的创作与发挥空间。

二、西装的设计

西装的设计首先应明确是哪一类西装，明确衣着的对象和使用的场合；然后正确选用面料、衬料、辅料，以及相应采取的工艺。在设计时还须分析流行趋势，对轮廓造型，肩、袖形态，以及衣领的宽度与长度之间的比例等多种造型因素进行研究，使设计出的西装既符合一定的穿着用途，又能体现时尚的风貌。

（一）轮廓造型

西装的流行变化，首先表现在轮廓的变化上。回顾西装的流行历史，可归纳出以下几种轮廓造型：

1. 轮廓型　肩较宽而平，呈方形，胸围随之宽松，腰摆略为紧身，裤形较肥。
2. 自然肩型　肩宽与肩斜按形体设计，通常以合身为标准。
3. 细长型　肩较窄，胸围、腰围、裤围较小，轮廓呈细长形态。
4. 宽阔型　夸张肩部及胸围，收紧臀位，形成上大下小的V字形状等等。

（二）结构设计与部件设计

西装的结构形式较为固定，变化不大，尤其是礼服西装更有其严格规定的式样，少有改变。日常西装的结构与部件设计可着眼于门襟、下摆的形式，驳领形状、大小、宽窄以及驳口的高低，袋形结构等处的适当变化。西便装和新潮西便装可变因素较多，除上述一些部位可根据流行需要灵活变化外，还可在肩部、背部采用不同形式的育克以活跃结构造型，显示洒脱随意的气度。

（三）装饰设计

与西装配套的主要服饰品是领带，领带的材质、色调、形态是西装设计的一个必要组成部分。领带随着西装领和衬衫领款式的流行，时而变宽，时而变窄。总的原则是领带应与衬衫领、西装驳领的宽度相匹配，绝不能穿大领衬衣而配以细窄的领带。

（四）面料选用

西装的面料选择十分重要。日常西装多选用精纺呢绒制作，条子、格子或素色均可，以沉着稳重的色彩为佳。在非正式场合穿着的一般西装也可使用粗纺呢、灯芯绒作为面料。

豪华的礼服西装选用优质的礼服呢制作，夏日则可用薄型的毛织物或亚麻织物、混纺织物。西便装的选料十分广泛，毛料、棉布、麻布、丝绸、化纤织物、针织物均可制作。尤其是一些外观新颖的流行面料，更能获得人们的欢迎。

三、男装的创新设计

新潮西便装是男装中极具活力的一个类型，由于它的随意与轻松感适应了当今人们的生活方式和社会心态，所以很受青睐。新潮西便装的创新设计首先要研究市场状况、社会动向及消费者心理，然后寻找具有独特风格的面料，并从世界各国的民族服装中吸取所长，启发创作灵感。设计时应着重突出“个性化”和“诙谐情趣”，以达到新潮和别具一格的效果。

中式男装最近亦开始为东方男士所重视，不同的领式；中山装、学生装式的造型；端庄而又有民族化特征的男装，正在服装界抬头。用中亚、南亚男装风格设计的男装也频频出现在T型台上，因此，男装设计大有可为。

随着社会、生活、时尚的变化，男子对服饰时装化有了越来越多的关注，在穿着上也更倾向于轻便与随意。因此，作为男性传统服装的西装也由严谨、正规、笔挺的绅士气派逐渐向洒脱、自由、柔和的风格转化。西装的这种发展趋向将会随着时代的潮流而不断变化。

第八章

女装设计

女装设计是服装设计中历史最悠久、最具潜力的一个领域。不少服装设计大师是以设计女装而蜚声世界的，为了用服装来展现女性体型、仪态和风范的美，他们无不呕心沥血，在艺术的道路上不断探索、开拓。这样，客观上也就更促进了女装设计的迅猛发展。在当代服饰世界中，女装设计正展示出无比瑰丽多姿的风采。

第一节　女性人体结构与比例

服装是人体的第二层皮肤。东方的服装以人体为基本形，用长方形来概括；西方的服装以人体为中心，作人体的局部夸张。尽管东西方对服装的审美观念不同，但都是依据人体进行服装设计的。服装设计的宗旨就在于遵循美的原则，使人们穿着舒服，适合于人体活动与运动。因此了解人体的比例、结构和形态是必不可少的。

一、女性人体的比例

服装设计者对人体的研究，首先要掌握人体的比例。了解女性人体全身与各个部位之间的比例，其目的是在服装设计时能正确合理地安排上装、下装及各部件的适当关系，使之相互协调。

由于人种、民族、年龄的差异，女性人体比例实际上是千差万别的。根据对女性人体有关数据的抽样调查表明，女性身高为七个头部的高度，即头高与身高之间的比例为 1∶7，简称七个头身，这是女性人体的标准比例(图 8－1)。

二、女性人体结构的特点

女性肩较窄而倾斜，三围明显。胸围在乳房部位，显得丰满；腰围纤细柔软；臀围较宽，形态圆润。女性由于皮下脂肪较多，所以体型丰润优美，但在受挤勒压迫后，体型易于变化。

女性人体因年龄的关系会产生较明显的差异。少女体型扁平、瘦长，三围之间的差别不十分明显；青年女性体型较丰满，三围之间的差别明显，胸脯高耸，腰线分明，背部挺直；中老年妇女体型有较大变化，背部略向前倾，胸高点下移，因小腹部脂肪隆起，腰围与臀围都明显加宽。

女性体态的美主要表现在肩、胸、腰、臀型成的曲线上，以及躯干的四肢形成的直线上。女装设计必须把握住女性的体型特征，包括各个年龄时期的体型变化，才能在设计时充分展现女性的体态美，并做到扬长避短，各适其体。

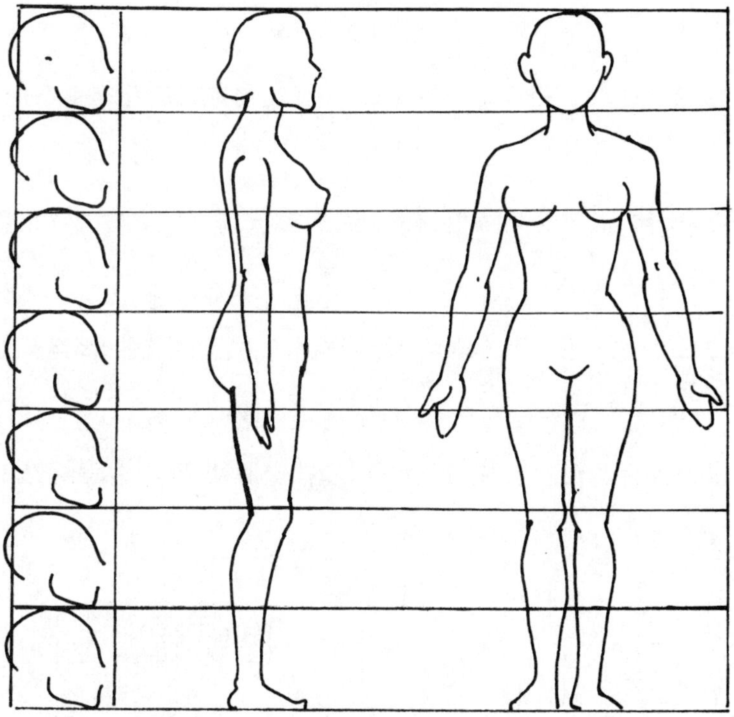

图 8－1　女性人体比例图

第二节　女装分类

女装的款式变化极为丰富，类别很多。现从服装形态和服装用途着眼，予以分类并作简要说明。

一、按服装形态分类

（一）整件装

整件装即连衣裙类服装，是上衣与裙子连结在一起的服装。根据裁制方式上的不同，可分为两种：一种是上衣与下裙分别剪裁后，再缝合腰围而成；另一种是上衣与下裙连成一体剪裁，腰围无需缝合。

连衣裙具有俊逸秀雅的服饰美感，适宜不同年龄的女性穿着。无论是家常穿用或作为礼服衣着，均很相宜，是一种使用范围十分广泛的女装。

（二）一般式套装

这是上衣与下裙分开的形式，即用相同的面料制作的整套短上衣与裙子（或裤子）。其中套装一般式是开前襟的，有坚挺感，如西式套装。还有上、下装衣料及花样不相同的组合套装。上下衣各自独立，可单独穿着，也可与其他短上衣、裙、裤等组合。

一般式套装穿着较自由，组合灵活而富于变化，但应注意上下装面料色彩、图案及服装款式、风格上的协调。

(三) 外套

这是穿在最外层的衣服，由于穿着需要不同，长短变化与款式变化丰富，种类繁多。有短外套、大衣、晚礼服、风衣、雨衣等。

(四) 裙

女性的裙装款式多变化，形态各具特色，有长裙、短裙、超短裙、窄裙、宽裙、裙裤或吊带裙等多种。

(五) 裤

女裤的长度不一，变化很多，有长及脚踝的、短至腓部的、刚及膝盖的、高至膝上的各种形态。

二、按服装用途分类

(一) 礼装

这是用于礼仪、宴请场合的正式服装，包括礼服和社交服装两类。礼服有结婚礼服、丧服、访

图8-2 女装设计图例：各类衣、裤、裙设计

问服;社交服装有晚礼服、正餐装、鸡尾酒服、宴会服等。

(二) 日常装

这类服装包括上街服装(市镇服、购物服),以及学生服、上班服、旅行服等。

(三) 家居装

家庭里穿着的服装包括家常衣、工作衣和室内衣三类。家常衣有家庭服、厨房服,工作衣有外罩衫、清洁卫生用衣、套裤,室内衣有浴衣、睡袍、睡衣。

(四) 运动装

运动用衣有网球衣、溜冰衣、滑雪衣、游泳衣、骑马服、猎装等。

(五) 旅游便装

旅游便装有闲暇便装、假日装、高尔夫服、海滨服、郊外衣等。

(六) 职业装

这类适宜不同工作、职业穿着的服装有制服、工作服、外罩衫等。

(七) 特殊服装

具有特殊功用的服装,有孕妇装、戏装。

(八) 内衣

妇女内衣包括贴身内衣、补正内衣和装饰内衣三类。贴身内衣有汗衫、短裤、衬裤,补正内衣有胸罩、束腰、裙撑、垫子等,装饰内衣有套裙、衬裙、喇叭形内裤等。

图 8-2 为几款女装设计。

第三节 日常生活服设计

人类最古老的衣服形式是袍或裙,上衣、下裙连在一起,腰间用带子系缚。古希腊、古埃及的连衣裙即是这种形式。此后,女装中产生了套装、外套、衬衫、裙、裤等组合穿着的各种形式,女性日常服装也随着社会与时尚的变化而日益丰富多彩。

女装日常生活服包括连衣裙、衬衫、裙装、套装四大类。以下逐一介绍这些日常生活服的设计要领。

一、连衣裙

连衣裙是女性的传统服装,历经变化,款式极多,至今仍是女装中最具特色与活力的类别。连衣裙为上衣与裙子相连的形式,造型灵活适体,能展现女性优美的身姿;穿着方便自如,能适应不同的服用需求。连衣裙以实用、优雅的服饰风格在女装世界中独树一帜,至今已成为女子必备的国际性服装了。

(一) 造型与结构设计

按照人的体形,采用省道转移和开刀线的变化来进行连衣裙的造型结构设计,常用的手法有公主线的变化;各种直、斜、弧形开刀线的变化;育克形式的变化,此外,还可对领线进行分割变化等设计。衣服轮廓线由肩部垂落而下,具有圆润、柔和、轻盈的特点,这是一般的传统式设计,但由于设计有一定的局限性,需要设计师能有突破。如将连衣裙的腰位作上下移动变化,注重腰部轮廓造型的设计。可分为高腰、中腰、低腰及宽松型四种形式。

1. 高腰设计 腰位上移至胸位下方。由于腰节线的提高,使女性腰部与胸围处的优美曲线得到加强,显示出腰肢的苗条、娉婷之美。采用高腰设计的连衣裙尤其适宜于青年女性穿着,能充分体现青春少女活泼、轻盈的体态。

2. 中腰设计 中腰设计即标准腰位设计,在腰围上使用开刀线,使上衣部分造型结构合体;下裙部分则可作多种变化,设计成喇叭形、灯笼形、美人鱼形等。中腰设计给人以端庄、优雅之感,能突出双腿的修长。

3. 低腰设计 这是将腰位的开刀线下移到臀位的形式。低腰设计可以显示腰、臀的曲线美,也可遮掩腰、臀的缺陷,是一种具有新颖美感的连衣裙设计。低腰设计采用不同的下裙造型,或选用不同的材料,能产生丰富多彩的服饰效果。如低腰与喇叭型下裙结合,富于华贵感,可用于晚装设计;上下装面料的材质、色彩、图案不同,可显得活泼而有朝气,并富于个性感。

4. 宽松型设计 这种连衣裙设计较为适体,而又非贴体,感觉宽松自在又不失形体美感。人体活动时,衣裙含蓄地显示出女性优美的身段和柔雅的仪态。如蝙蝠衫、宽松衫等亦属于这一类型。宽松型连衣裙需选择柔软、飘逸、轻薄的面料,以获得宽松自如的衣着效果。

连衣裙的造型结构设计除了从领线、腰位上展开变化外,还可在材料使用上注意对比变化,如采用厚挺的面料与轻薄飘逸的纱类面料相结合,以产生静与动的对比。此外,采用造型上的大小对比,宽松与紧身的对比等,也能获得较好的设计效果。

(二) 风格设计

连衣裙的装饰设计需视服装的风格而定。如乡村风格的连衣裙,常在领边、袖边、裙边和开刀线等处缀以花边;牛仔风格的则可采用育克、褶裥进行装饰;海军式连衣裙多使用滚边、嵌线、飘带,并绣以铁锚、轮舵图案。

秋冬季穿着的连衣裙可运用各种材料的缀饰或贴补刺绣,以取得华美温馨之感。日常的连衣裙一般多饰以领带、腰带、蝴蝶结、人造花等加以美化点缀。总之,装饰设计应突出重点,体现风格,以少胜多。装饰过分或装饰不当,会产生累赘、繁琐、凌乱与过于童稚气的感觉。

(三) 面料选用

连衣裙的面料选用是根据穿着目的、穿着场合以及款式的轮廓而定的。同一款式的连衣裙,若选择的面料不同,就会使人产生不同的观感,并适宜于不同的场合穿用。一般家常穿着可用棉布、涤棉布、富春纺、棉绸类面料,显得舒适大方;上街服与访友服可用毛织物、丝绸或仿真丝绸面料,体现优雅华美。春夏季穿着的连衣裙与舞会服,宜选用薄纱、丝绸、优质薄亚麻布、优质全棉布制作,以体现潇洒、活泼、轻快的风格;秋冬季及各种社交场合穿着的连衣裙可选用毛料、开司米呢绒、丝绒等面料,以产生华贵不凡的气派。此外,利用面料质地的光泽感、肌理感等独特材质效应,进行精心的设计,可获得新颖奇妙的效果。这对于强调服装风格的设计说来,是至关重要的一个因素。

二、衬衫

20 世纪妇女开始走向社会,女衬衫因而迅速发展为女性日常服装之一,并在款式造型上不断更新变化,形成了一个丰富多姿的女装类别。

(一) 造型与结构设计

衬衫由衣身、袖片、领、门襟、克夫等几个部分组成。根据形态风格上的不同,衬衫可分为适体型、宽松型和茄克型三类。

1. 适体型　这是衬衫的基本形式，衣身较长，宽松适度。既可覆于裙、裤外穿，也可塞入裙、裤内穿，一般常与套装搭配穿着，具有端庄大方的效果。适体型衬衫胸围与袖肥的放松度需恰到好处，即既要保证人体这些部位活动时所需的宽余量，又要使服装造型优美适体。服装上的一些省道，如胸省、肩省以及收腰形的腰省等，需转移到胁下。省道位置的确定取决于面料的纹理与图案，以及衣着者的体型，必要时可采用开刀线与育克，与男衬衫的覆肩形式相同。

2. 宽松型　衫身宽大，类似男衬衫。袖山落至手臂上，袖窿肥大，称为落肩袖。衣长常盖过臀位，腰间有时系以宽松的皮带。领子多采用男衬衫领、西装翻领、圆领线领。此类衬衫以宽体松身为其特点，所以不必考虑省道。

3. 茄克型　茄克型衬衫短小、宽松，腰间大多装有克夫，在造型结构上带有茄克衫的特色。这类衬衫设计时着意于对比手法的运用：如衣身与袖子、上衣与腰克夫之间的面积对比；宽松的上衣与束拢的腰部之间的松紧对比；克夫处形成的波浪形衣摆与衬衫整体之间的动静对比；腰克夫加衬的硬挺感与上衣轻薄面料的柔和线条之间的刚柔对比等等。衬衫的领、袖与门襟的设计，应视衬衫的风格而定，设计无一规定，尤其女装更趋多样化。

（二）装饰设计

女衬衫常使用刺绣进行装饰，如贴绣、白绣、彩绣、十字绣、打缆绣等。刺绣的方法有手绣、机绣和电脑绣三种。用刺绣装饰为主的衬衫称为绣衣，是衬衫中颇具工艺特色的一个独立分支。

除刺绣外，衬衫中还常以花边、褶裥、缉线、蝴蝶结、荷叶边及条格镶拼等进行装饰。一些带有装饰性的纽扣、珠子、人造花、胸针等也常适量使用。古典型的衬衫多在门襟、前胸处采用有规则的褶裥或精美的花边予以点缀，可以产生精致华贵的装饰效果。

（三）面料选用

衬衫的面料一般以轻、薄、柔和、透气性好为原则，常用的有棉布、丝绸、化纤绸、仿真丝绸等。色彩与图案以上、下身调和为佳。

三、裙

裙是妇女服装中最传统的衣着形式。古埃及人将腰布缠在下半身，是最早期的裙。时至今日，裙的款式可谓琳琅满目、丰富多彩，裙已成为家庭、上班、运动、社交等各种场合不可缺少的基本女装了。

（一）造型与结构设计

裙的形态是否优美适体，关键在于腰位与臀部造型的妥贴得体。因此，裙子在腰位、前腹、后臀处一般均需作省道处理。省道处理根据裙子的款式需要可在适当范围内进行转移变化。省道的转移与变化形成了多种形态的开刀线，在腰、臀部位剪缉分割的部分即成为裙的育克。裙的省道、开刀线与育克在裙的造型结构设计中具有十分重要的作用，由于这些部分的灵活变化与巧妙组合，能使裙装呈现多彩的风姿与特色。

根据造型结构的不同，裙大致可分为直裙、A 字裙、圆台裙和自由褶裥裙四类。

1. 直裙　直裙又称为直筒裙、一片裙、一步裙、旗袍裙等。直裙是所有裙类的基本形式，其原型与人体臀位、下肢形体一致。为便于行走，可在裙摆处开适当的衩口。直裙的开合方式有对襟、斜开襟、后中襟、侧门襟等多种。裙衩可分为前衩、后衩、侧衩、双衩，衩的结构应与缉缝线相连，使之具有新颖而典雅的风格。直裙以原型为基础进行结构变化，可变为叠门裙、顺褶裙、工字褶裙、苏格兰裙、育克裙等多种款式。

直裙造型端庄秀美，能显示女性苗条、优雅的体态；并能适应不同年龄、不同场合的穿着需求，是一种穿着范围较广的裙装。

2. A字裙　A字裙是由直裙展开而成，下摆略放开，裙形似A字。根据裙形展开的形式，又可分为四片裙、五片裙、六片裙等。A字裙的裙摆大小适中，便于行走、运动；造型大方流畅，能适合各种年龄的女性穿着。

3. 圆台裙　圆台裙是由A字裙再次展开而成，即以腰为中心，裙摆为圆周，完全展开时为360°的圆形。圆台裙应采用斜向的裁法，使裙摆自然下垂，形成起伏有致、线条柔和的皱褶。圆台裙可与其他裙形结合而变化成鱼尾裙、宝塔裙、加裙撑的伞裙、芭蕾舞裙等。圆台裙活泼、潇洒，舞蹈旋转时动感强烈。由于裙形自然展开，不紧贴身体，因此，无论体型肥瘦高矮均可穿着。

4. 自由褶裥裙　自由褶裥裙常在人台上折叠设计，使布料形成自由、随意的褶裥；裙形灵活多变，线条疏密自然，具有浪漫而别致的风格。自由褶裥裙讲究造型的意趣性与随机性，巧妙运用面料的材质特性，使裙形优美，褶裥流畅，并产生别具一格的美感。自由褶裥裙常以连衣裙的形式出现，多使用在社交、礼仪场合的裙装设计上。

（二）装饰设计

裙子的装饰设计集中表现在裙腰的各种变化上，裙腰的不同造型结构与工艺设计，既体现了裙子的风格，也体现了裙子的装饰特色。裙腰可分为中腰、高腰、无腰与高低腰等多种形式。工艺装饰上常使用橡筋带、腰带、丝绳、拉链、纽扣、襻带等进行塑形美化。此外，设计成褶裥形的裙腰也很有特色。

（三）面料选用

裙子的面料选用根据不同类型的款式以及穿着场合的需要而定。

直裙的面料宜硬挺而有弹性。棉织物中可用斜纹布及布纹较密的织物；毛织物中可用质地精密而结实的薄花呢、凡立丁、哔叽、苏格兰花呢等；弹性强、定型效果好的混纺织物也可使用。

A字裙视穿着目的与场合的不同，可选择不同风格的面料，较厚挺的呢绒、灯芯绒、牛仔布，或是较轻薄的纱、绸类面料均可选用。

圆台裙的面料以柔软、悬垂性好的薄呢、细棉布、丝绸、仿真丝绸为佳。

自由褶裥裙宜选用斜纹类、针织类面料，这类面料可使细裥的折叠造型自然、贴体，下垂感与动感均好。

四、套装

套装泛指一切套在衬衫、羊毛衫外，与裙、裤配合穿着的外套服装。套装是春秋季的常用女装，穿用极为广泛。

（一）造型与结构设计

套装的设计注重于轮廓线的清晰、优美和挺拔，同时要认真考虑省道、开刀线、褶叠线等内结构线的合理使用。

在流行潮流的影响下，套装常在肩部、腰部、领、袖、门襟、育克、口袋等方面变化。套装的上衣与下裙采用适当的不同比例，可产生最直观的新颖效果。套装在比例与均衡方面的巧妙设计，使服装显示出独特的魅力（图8－3）。

套装的各类款式大多从西装形式派生而出，有的朴素无华，有的典雅高贵，有的奇特怪诞，有的诙谐有趣，也有的具有浓郁的民族特色。在进行造型结构设计时，需考虑穿着对象和穿着场合，有针对性地策划安排。同时，由于套装非常注重于风格与品位，而这种风格与品位是由整体着装效果体现出来的，所以设计套装还需从整装考虑。

（二）面料选用

套装一般为春、秋季穿着的女装，多采用厚型织物制作，现代套装也可用薄型面料缝制。以弹性好、塑形性好的呢绒类面料为佳，如苏格兰呢、花呢、哔叽、凡立丁等，这类毛料织物造型挺括优美，材质风格雅致，能体现套装的高雅品位。

套装通常采用上下装相协调的配色，也有采用上下装相同面料的。正规场合与日常穿着的套装以平稳、柔和、协调的色调为主，能显示端庄、优雅的气派。娱乐时穿着的非正式套装可采用不同面料进行搭配，以鲜明或特殊情调的色彩，取得新奇别致、独具一格的服饰效果。

除了面料需精心选择外，还要注意正确地选用辅料，如有纺衬或无纺衬等衬垫材料，使套装的造型轮廓清晰而挺拔，穿着后不致变形，能保持良好的整装效果。

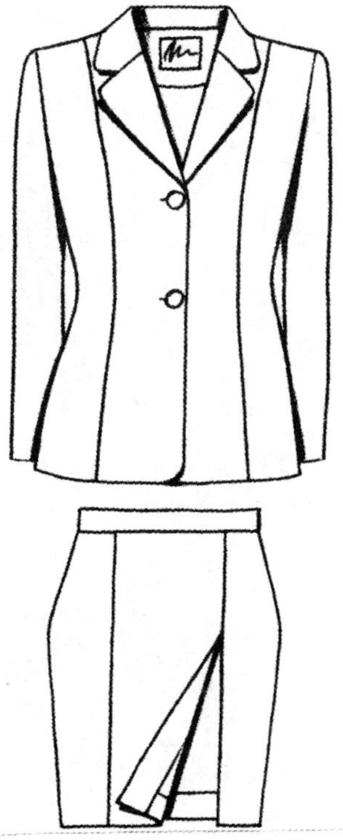

图 8－3　女套装是职业女性最常用的服式

第四节　运动休闲服设计

运动休闲服是根据现代生活方式衍生的具运动或休闲功能需要而设计的各种服装，具有轻快、悠闲的风格，是现代女性不可缺少的衣装（图 8－4）。

一、运动休闲服

运动休闲服是现代人类生活方式产生的非正装服饰，其中吸收了运动服装的朝气、活泼的风格，同时也具有都市生活色彩的服装。

（一）运动装

运动装是适用于专业运动功能服装，这里指的是从运动服衍生出的时装，如网球装、高尔夫球装，可发展出优雅的少女装。登山服、滑雪服、溜冰服、击剑装可发展成都市茄克和丰富多彩的冬装。骑马装可变化成英国贵族式的套装。海滨运动服装越来越多地成为当今都市性感女装的模本。一般运动装，如运动背心，健美衣、裤、袜、运动 T 恤、运动护具等都可以成为现代女装。当然并不是说把运动装直接摆到时装上，而是将其元素运用于这类休闲装的设计中。

（二）休闲装

休闲成为 20 世纪下半叶现代人类追求的生活理想。在紧张的都市生活里，人们开始追求轻松、随意的生活与服饰。休闲装是有悖于正装的服装，如田园风格的连衣裙，自然花卉的面料；牛

图 8－4 休闲运动类服装

仔裤进入办公室也是休闲的信号，麻质、土布的服装也使都市女性感受到传统的温馨。前卫的休闲可以有更多无所顾忌的设计。总之，休闲装是一个极大的空间，可以让设计师们发挥才华。

二、家居服

家居服是休息、就寝时所穿的服装，以宽大舒适、穿脱方便为其设计特色。家居服包括睡裙、睡衣、睡袍、浴衣四类。

（一）睡裙

睡裙为连衣裙式样，裙长及踝或小腿处，袖子可有可无、可长可短，宽松自如，优雅活泼。睡裙常采用抽褶、细裥等工艺手法进行装饰，并使裙身宽松舒适。在袖边、裙边、领边缀以蕾丝花边或荷叶边，在胸前、袖子等处以蕾丝布相拼，在适当部位饰以绣花装饰，都可增添睡裙的秀雅与美观。一般睡裙以印花棉布制作，用浅色、淡雅洁净的色调。

（二）睡衣

睡衣为上、下装分开的套装样式，穿脱方便，端庄大方。以宽松舒适为佳。常以嵌线、滚边工艺进行装饰，也有在肩部打缆、前胸绣花的点缀形式。质地以天然纤维为宜。

(三) 睡袍

睡袍为晚上睡觉前休憩时间或晨起换衣前进早餐的衣着,又称为室内衣、化妆衣、整装衣。

(四) 浴衣

浴衣为沐浴后穿着的宽敞式长袍,衣门襟交叉重叠,使用腰带系束衣长至足踝或小腿、或膝下,没有一定的限制。根据以上家居服功能,可变幻不同款式、色彩、图案、装饰等。

第五节 内衣设计

内衣因功能性的不同,可分为贴身内衣、补整内衣和装饰内衣三类。内衣是女性必不可少的衣装,在保护肌体、显示优美体态与补正体形缺陷等方面,具有十分重要的作用。

一、贴身内衣

贴身内衣具有保温、吸汗、保持外衣清洁及形态自然的作用。贴身内衣包括汗衫、汗背心、棉毛衫、三角形内裤、平脚形内裤、棉毛裤等。贴身内衣以采用保暖、吸湿、滑爽贴身、皮肤触感轻柔的材料为宜。

二、补整内衣

补整内衣又称为整形内衣或补正内衣。补整内衣具有两种作用,一是修整人体的某些缺陷,使体形更为完美,如加高胸部、束平腹部等;另一种是辅助衣服的轮廓造型,如使用裙撑等。除了功能外,美化、装饰、更合理的设计也是十分重要的。

(一) 胸罩

胸罩具有保护胸部的作用,在动作及激烈运动中能保持乳房的安定。胸罩还具有增强形体美感的作用,可用来矫正乳房的大小及左右高低不一之类的缺陷。连腰型与背心型的胸罩则对肋下及胃部的形状具有整形作用,使体形线条更为优美。

胸罩的种类较多,从形态上分,有短型、长型(连腰型、背心型);从乳高补正上分,有一般型、抬高型、深入型;从结构上分,有单层型、加衬垫或缉线型、有背带或无背带型。有些胸罩朴素无华,有些则加以适量点缀装饰,显得精致而秀美(图 8 – 5)。

(二) 束腰

束腰是一种紧身短裤样式的内衣,具有保持腹部、臀部、大腿部的优美,平整线条的作用。束腰有短裤型和高腰型两类,选用材料及色彩与胸罩相同。

有一种连胸罩的束腰,将胸罩与束腰连接在一起,能使人体胸、腰、腹、臀、大腿等部位的造型与线条得到补正而日臻完美(图 8 – 5)。

(三) 裙撑

为使裙子蓬开成宝塔形、伞形或其他优美的形态,可在裙内加上裙撑。裙撑根据裙的造型可设计为层叠式或灯笼式。制作材料为较硬挺的纱类织物,如各种硬度的珠罗纱等(图 8 – 5)。

三、装饰内衣

装饰内衣是穿在内衣裤与外衣裙之间的一种衬装,既能保持外衣的完美造型轮廓,又能使外衣裙不致贴体,行走和活动时较自如舒适。

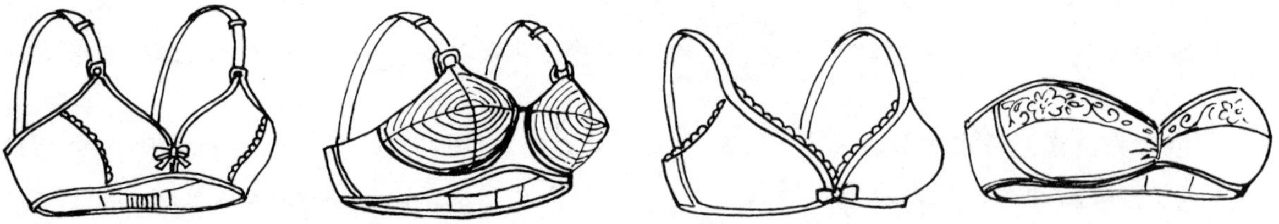

(1)胸罩

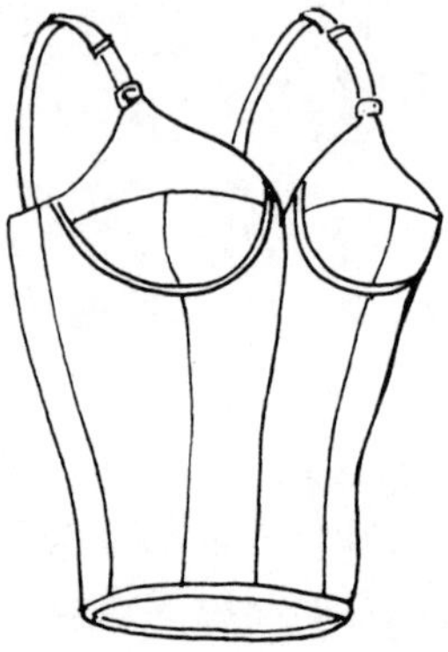

胸罩连束腰

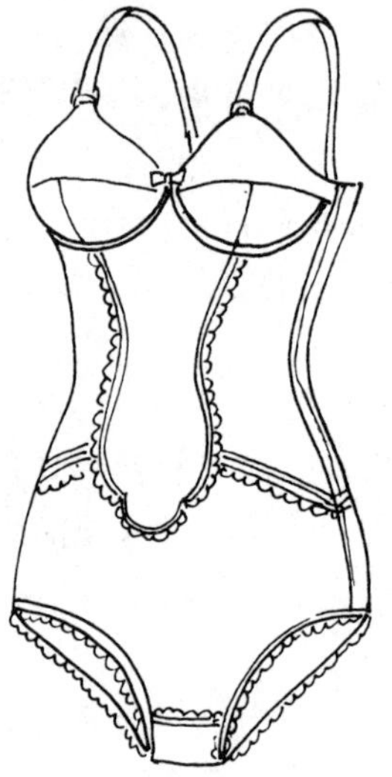

连胸罩的束腰束腹

(2)束腰

(3)裙撑

图8－5　补整内衣

装饰内衣基本上是衬裙的样式。有:连衣式衬裙,包括背心式与长袖式;连胸罩式长衬裙,适宜于紧身或透明的外衣内穿着;喇叭形内裤,夏日可衬在裙内穿着。

第六节　礼服设计

设计礼服必须具备高超的艺术水平,运用不同的纺织品材料塑造出华丽不凡的形象。因此,礼服的设计成了衡量设计师艺术才华的一个标准。这也就更促进了礼服设计的翻新变化,时而复古,时而新潮,时而追求豪华的装饰,时而流行娱乐型的风格。现代的礼服已不再局限于古典的连衣裙样式,套装与裤类也同样可以设计成高雅的礼服,这种服装别具清新脱俗的风情。

礼服作为社交用服，具有豪华精美、标新立异的特点，并带有很强的炫示性。因此，礼服十分注重于传统与流行的完美结合，着意于服饰风格的表露。一般而言，中国人由于没有穿礼服的习俗，所以我们对礼服的理解往往是浮浅的，作为服装学习者，必须在对礼服深刻了解的基础上，再进行尝试。

礼服设计

（一）风格

礼服的风格是设计的重要方面，穿礼服的目的就在于展示女性的风采，因此需要穿得有特点，有风格(图 8－6)。

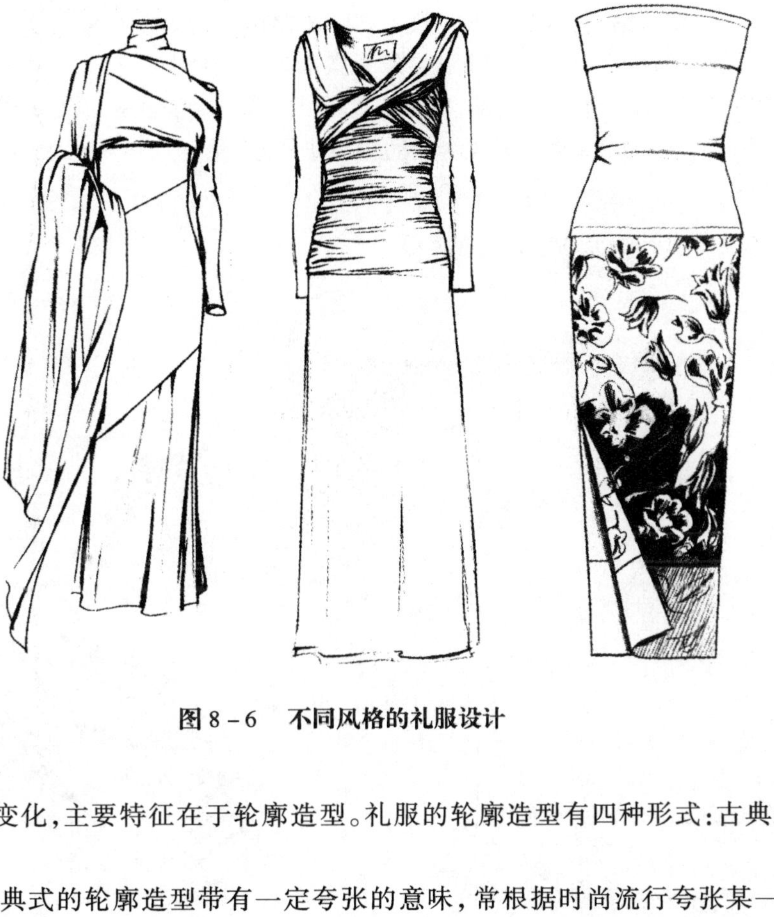

图 8－6　不同风格的礼服设计

（二）造型设计

礼服的流行与变化，主要特征在于轮廓造型。礼服的轮廓造型有四种形式：古典式、直筒式、披挂式和层叠式。

1. 古典式　古典式的轮廓造型带有一定夸张的意味，常根据时尚流行夸张某一部位，如胸部、臀部等。

2. 直筒式　直筒式轮廓造型按人体自然形态设计，为修长适体的直线形轮廓，端庄文雅，最能体现女性的曲线体态。我国的旗袍便是直筒式轮廓的服装，近代常将旗袍作为中国传统的礼服；同时，这种款式也为西方女性所接受，并融汇入西方礼服的特色，成为礼服中极具特色的一种轮廓造型。

3. 披挂式　轮廓和线条都具有希腊式简朴、自然和随意的风格。常将布料披在人台上，用褶裥、打皱的方法进行设计、裁剪，轮廓柔和、宽松。

4. *层叠式* 这种造型是模仿吉卜赛民族的裙形，层层相叠，裙外轮廓犹如宝塔形状，具有活泼、窈窕、华美的特点。裙表面常由一层又一层的荷叶边、花边等相叠；裙里面则有布制的层叠式衬裙，以撑开裙摆，使轮廓扩张。必要时也可以内衬圆台裙，使外层的礼服裙造型丰满而优美。

（三）装饰设计

礼服设计离不开各种装饰手法的运用，无论在礼服的整体或局部上，精心而别致的装饰点缀是至关重要的。适度的装饰不但使礼服显得雅致秀美，花团锦簇，而且还能提高身价。许多高贵的礼服常镶嵌价值昂贵的珠宝、钻石及金银线等，以展露华丽绝伦的气派。

礼服常用的装饰手法有：刺绣（丝线绣、盘金绣、贴布绣、雕空绣等），褶皱（褶裥、皱褶、司马克褶），钉珠（钉或熨假钻石、人造珍珠、亮片），珍珠镶边，人造绢花等。

礼服上的装饰部位十分讲究，所用装饰图案的形态、大小、色彩、材料等都与装饰的部位有关。一般多装饰于颈、胸、肩、袖、腰部，其次是裙摆、门襟、袖口等处。礼服的装饰应在不妨碍整体效果的前提下，突出重点，以增添面料的生动感与华丽感，更好地体现礼服的造型风格（图 8－7）。

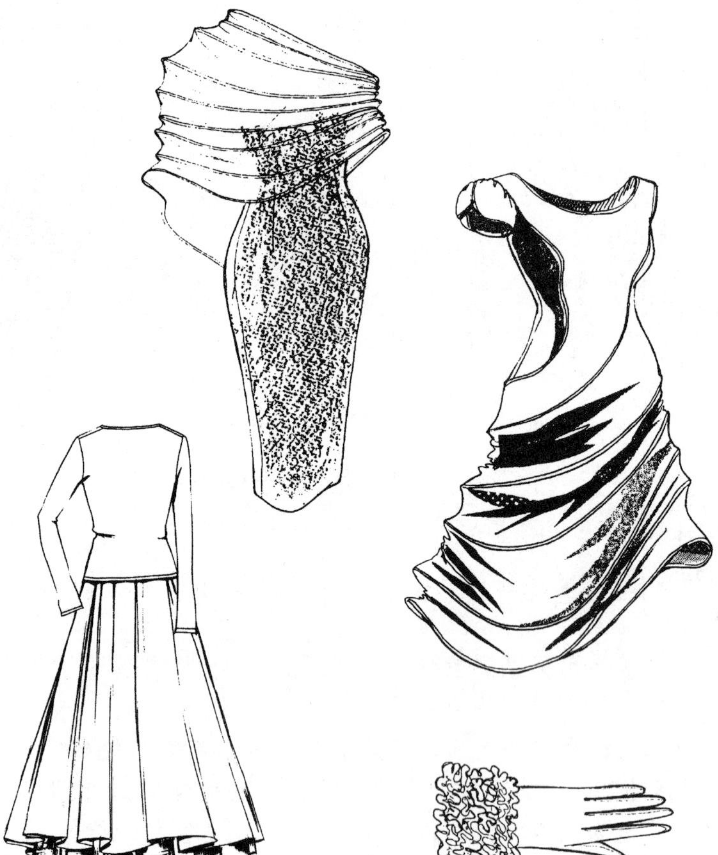

图 8－7 礼服设计图例

(四) 面料选择

礼服的面料选择应考虑款式的需要，面料的材质、性能、光泽、色彩、图案以及门幅等，均需切合款式的特点与要求。由于礼服注重于展现豪华富丽的气质和婀娜多姿的体态，因此大多用光泽型的材质为面料，柔和的光泽或金属般闪亮的光泽有助于显示礼服的华贵感，使衣着者的形体也更为动人。此外，面料有柔软、轻薄与厚重、坚挺等不同质地，这对于礼服的轮廓造型与风格有极大的关系。

(五) 缝制工艺

巧妙的设计构思需通过精湛的工艺去实现和完成，因此工艺是礼服设计的一个重要组成部分。一件完美的礼服体现了款式、面料和工艺的协调结合与艺术构成。

工艺包括构成和缝制两个方面。礼服在工艺上的要求比一般服装更为严格细致，以保证礼服的造型优美、穿着合体，并体现出华贵不凡的品质。由于礼服的款式、风格新奇多变，平面剪裁常难以准确生动地表达构思，所以多采用立体剪裁方法，以获得满意的效果。用坯布别在人台上，不断比较、尝试、修改，直至定型，最后完成礼服的样衣。

第九章

童装设计

童装在儿童生长、发育阶段有着极为重要的作用，是培养下一代人意识、习惯、审美等素质的中介手段之一。因此，童装设计肩负着培育儿童和美化儿童的特殊使命，在服装设计领域中占有独特的地位。设计童装必须了解儿童各年龄段的生理、心理特征，因为童装设计首先是满足儿童生理功能的需要，同时满足父母、成人对儿童的审美需要，因此掌握儿童特征是首要条件。

第一节　儿童的生理、心理特性

儿童的生理、心理特性

儿童时期是指从出生到16岁这一年龄阶段。根据生理特点和心理特性的变化，可分为婴儿期、幼儿期、学龄前期、学龄期和少年期。

一、婴儿期

从出生至1周岁为婴儿期，这是儿童身体发育最显著的时期。出生后的2~3个月内，身长可增加10cm，体重则成倍增加。到1周岁时，身长约增加1.5倍，体重约增加3倍。在此期间，婴儿的活动机能亦逐渐发达，10~13个月能学走路或自立行走。

婴儿前期基本是睡眠静态期，3个月时每天有60%的时间为睡眠，6个月时为55%。儿童在这一时期的特点是睡眠多、发汗多、排泄次数多、皮肤细嫩。

二、幼儿期

1~3岁为幼儿期。这个时期的孩子体重和身高都在迅速发展，体型特点是头部大、脖子短、身体挺、腹部凸。此时孩子开始学走路、学说话，有一定的模仿能力，能简单认识事物，对于醒目的色彩和活动的东西极为注意，游戏是他们的主要活动。

三、学龄前期

4~6岁为学龄前期。体型的特点是挺腰、凸肚、肩窄、四肢短，胸、腰、臀三部位的围度尺寸差距不大。身体高度增长较快，而围度增长较慢，按八头身比例，4岁以后身长已有5~6个头高。这个时期的孩子智力、体力发展都很快，能自如地跑跳，有一定语言表达能力。同时已能吸收外界事物和接受教育，学唱歌、跳舞、画画、识字。男孩与女孩在性格上也显出了一些差异。

四、学龄期

6~12岁为学龄期，也称小学生阶段，这是孩子运动机能和智能发展显著的时期。孩子逐渐脱离了幼稚感，有一定的想象力和判断力，但尚未形成独立的观点。生活范围从家庭、幼儿园转到学校的集体之中，学习成为生活的中心。男女体格的差异也日益明显，女孩子在这个时期开始出现胸围与腰围差，即腰围比胸围细。

五、少年期

13～16岁的中学生时期为少年期，这是少年身体和精神发育成长明显的阶段，也是少年逐渐向青春期转变的时期。女少年胸部开始丰满起来，臀部的脂肪也开始增多。男少年的肩部变平变宽，身高、胸围和体重也明显增加。由于生理的显著变化，心理上也很注意自身的发育，情绪易于波动，喜欢表现自我，因此，少年期是一个动荡不定的时期。

第二节　童装分类

童装根据衣着功能分为内衣和外衣两大类，此外，还有一些服饰品。

一、内衣

（一）贴身衣、裤

贴身衣、裤有男童的短裤、背心内衣、短袖或长袖套头式内衣（棉毛衣裤），女童的内裤、背心内衣、棉毛衣裤，婴儿期贴身裤以开裆为多。此类衣裤使用厚薄不同的棉针织面料制成，保暖性能和吸湿性能好。

（二）睡衣、睡裤、睡袍、睡裙

衣裤宽松柔软，裤子一般为大脚裤或灯笼裤式。使用薄棉布、细亚麻布或绸制作，滑爽而适体。睡裙有短袖、长袖、无袖等多种款式，长短不一，可缀以蕾丝花边与刺绣装饰。

二、外衣

（一）婴儿服

婴儿服有罩衫、围嘴、连衣裤、棉衣裤、睡袋、斗篷等。罩衫与围嘴可防止婴儿的涎液与食物沾污衣服，具有卫生、清洁的作用。连衣裤穿脱方便，婴儿穿着较舒适自如。睡袋、斗篷则可以保暖，也易于调换尿布。婴儿衣应易洗、耐用，多使用柔软而透气性好的纯棉布、绒布制作。

（二）幼儿服

幼儿服有男、女幼儿穿着的连衣裤、连衣裙、背带裤、背带裙、罩衫、背心、茄克外套、大衣、斗篷等。幼儿服要方便穿脱与换洗，并便于儿童活动。使用材料为透气性强、柔软易洗的纯棉布、绒布和灯芯绒布，冬季也可使用化纤混纺面料及呢绒面料。

（三）幼儿园服

幼儿园服有女童的连衣裙、背带裙、短裙、短裤、衬衣、外套、大衣，男童的圆领运动衫、衬衣、茄克衫、外套、长西装裤、短西装裤、背心、大衣等。这类服装作幼儿园校服之用，也可作家庭日常用服。面料以纯棉起绒针织布、纯棉布、灯芯绒布及混纺涤棉布居多。

（四）上学服

上学服有女童的衬衣、背带裙、连衣裙、短裙、裤、外套，男童的衬衣、外套、长西装裤、短西装裤等。这类服装作学校制服用，也可作家庭日常用服，使用面料与幼儿园服相同，色彩应较整洁严肃。

(五) 运动服

运动服包括男、女童长袖与短袖套头运动衫、圆领衫、运动茄克衫、短裤、背心、泳装等。运动服可作体育课及各种体育运动的专用服装,以纯棉起绒针织布、毛巾布、尼龙布、纯棉及混纺针织布制作。

(六) 闲暇装

闲暇装有爬山服、牛仔服、海滩服、水手服等模仿大人的各类服装,具有闲适轻松的风格。面料多为全棉卡其、斜纹布、劳动布(蓝丁尼布)、印花棉布、化纤布。

(七) 盛装

盛装有女童的刺绣连衣裙、细褶连衣裙、花边连衣裙、荷叶边连衣裙、罗曼蒂克长裙,男童的礼服风格的套装等。这类盛装在参加生日会、庆典会、演出和随父母家人作客时使用。冬日穿着的贵族式小礼服,选用贵重的丝绒面料,配以精致的刺绣装饰。冬日穿着的贵族式男童礼服,选用礼服呢为面料,配以精致的刺绣花纹。

三、服饰品

童装除了内衣和外衣各式服装外,还有许多服饰品,这些服饰品包括帽、提包、鞋、袜和装饰品等。儿童的服饰品不像妇女纯粹作装饰用的服饰品,而是以实用和趣味性为主,要符合儿童心理,不能成人化,更忌用金、银或珠光宝气的女士装饰品。

实用的服饰品有帽、围巾、领巾、手帕、腰带、吊带、书包、提包、手套、短袜、长袜、连裤袜、鞋子、雨具等。

第三节 童装的设计

童装设计是一门饶有兴趣的设计艺术。它要求设计师不但要掌握儿童生理和心理特征,还需了解父母的心理,用家长般的感情去设计、塑造和美化儿童的衣着形象。让服装成为帮助儿童发育成长的保健用品和培养儿童良好生活习惯的伙伴,使孩子们获得美的享受,感受到美的陶冶。

一、婴儿服的设计

婴儿的生理特点是缺乏体温调节能力,易出汗,排泄次数多,皮肤娇嫩。因此婴儿服设计必须十分重视卫生与保护功能,衣服应柔软宽松,采用吸湿、保暖与透气性好的织物制作,如纯棉纱布、绒布、针织布等。婴儿服设计的另一要点是强调结构的合理性,结构应简洁、舒适而方便,既注意造型的适体,也注意扣系结构的合理运用。

(一) 造型设计

婴儿的服装一般造型简单,以方便舒适为主,需有适当的放松度,以便适应孩子的发育生长。由于婴儿皮肤娇嫩,睡眠时间长且不会自行翻身,因此衣服的结构应尽可能减少缉缝线,不宜设计有腰接线和育克的服装,也不宜在衣裤上使用松紧带,以保证衣服的平整、光滑,不致损伤皮肤。婴儿颈部很短,以无领为宜。

婴儿最基本的服装称为“毛衫”,应用交叉领和扁平系带,袖子连裁,衣服只需缝一道侧缝线,要求十分柔软适体。

(二) 扣系设计

扣系设计又称为开合门襟设计。婴儿服开合的合理性在设计时是十分重要的，婴儿基本上都为仰卧姿势，所以开合门襟应在前胸。扣系采用扁平的带子，尽可能不用纽扣或其他装饰物，以防止误吞或划伤。裤门襟开合要得当，以便于换尿布等清洁工作。

套头式的服装，因穿脱不方便，婴儿不宜穿着。

(三) 装饰设计

婴儿的形体特征十分可爱，装饰设计主要满足家长的审美需求，用小动物的形象和色彩来装饰婴儿服，可显得天真和有趣味性。如使用鹅黄色的绒布，仿佛如小鸡和小鸭般稚拙可爱；而淡蓝、浅绿、粉色的色彩则显得明丽、灿烂，白色显得纯洁、干净。此外，选用印有小花、小动物、玩具及各种水果图案的绒布或麻纱布，也能产生活泼的童稚情趣。

婴儿服常采用刺绣方法进行装饰，如简单的彩绣、打缆绣(褶绣)、贴绣等。刺绣图案可取材于各种可爱的小动物，色彩以柔和、淡雅为好。彩绣多装饰在口袋、领、前胸等部位，贴绣可用在局部或整件衣服上。

婴儿的服饰品有帽、鞋、袜、围嘴等。

二、幼儿服的设计

(一) 造型结构设计

幼儿的形体特点是头大，颈短而粗、肩窄腹凸，四肢短胖。因此幼儿服设计应着重于形体造型，少使用腰线，轮廓呈方形、长方形、A 字形为宜。如女童的罩衫、连衣裙，在肩部或前胸设计育克、褶、细裥、打缆绣等，使衣服从胸部向下展开，自然地覆盖住凸出的腹部；同时，裙短至大腿，利用视错可造成下肢增长的感觉。

幼儿服的另一种常用造型结构是连衣裤、裙，吊带裤、裙或背心裤、裙。这样的结构形式有利于幼儿的活动，他们玩耍时做任何动作，裤、裙也不会滑落下来。由于幼儿对体温的调节不敏感，常需成人帮助及时添加或脱去衣服，因此，这类连衣裤、裙的上装或背心的设计十分重要，既要求穿脱方便，也要求美观有趣。

幼儿服的结构应考虑其实用功能。为训练幼儿自己穿脱衣服，门襟开合的位置与尺寸需合理，多数设计在正前方位置，并使用全开合的扣系方法。幼儿的颈短，不宜在领口上设计繁琐的领型和装饰复杂的花边，领子应平坦而柔软。春、秋、冬季使用小圆领、方领、圆盘领等关门领，夏季可用敞开的 V 字领和大、小圆领等，有硬领座的立领不宜使用。

幼儿对口袋有特别的喜爱，把一切宝贝东西藏入口袋是幼儿的天性。口袋的设计以贴袋为佳，袋口应较牢固并不易撕裂。口袋形状可以设计为花、叶、动物形，也可装饰成花篮、杯子、文字形等，这样既实用又富于趣味性。

(二) 装饰设计

幼儿的装饰是否得体，取决于父母的审美情趣。因此，幼儿服是童装中最能体现装饰趣味的服装。幼儿服的装饰设计有图案装饰和仿生设计等形式。

幼儿服上的装饰图案十分丰富，有人物，如孙悟空、圣诞老人；有动物，如米老鼠、唐老鸭、小兔、小熊；有花草、景物、玩具、文字等等。取材多带神话和童话色彩，以动画形式予以表现，具有浪漫天真的童趣性。

童装中的仿生构思设计，不仅具有独特的装饰作用和趣味性，而且有助于使孩子们增长知识,认识大自然,热爱大自然。

（三）色彩与面料

幼儿服常采用鲜亮而活泼的对比色、三原色,给人以明朗、醒目和轻松感。此外,以色块进行镶拼、间隔,也能收到活泼可爱、色彩丰富的效果。

幼儿服的面料,夏日可用泡泡纱、条格布、色布、麻纱布等透气性好、吸湿性强的布,使孩子穿着凉爽。秋、冬季宜用保暖性好、耐洗耐穿的灯芯绒、纱卡、斜纹布等。幼儿服运用面料的几何图案进行变化,用条格布作间隔拼接,或用灯芯绒与皮革等不同质地的面料相拼,也能产生十分有趣味的设计效果。

三、幼儿园服、上学用服设计

童年期和少年期的服装设计,需考虑到学校集体生活的需要,能适应课堂和课外活动的特点。款式设计不宜过于繁琐、华丽、触目,一般采用组合形式的服装,以上衣、罩衫、背心、裙子、长裤等组合搭配为宜。设计既要适应时代需求,但也不要过于赶潮流或施以过多的装饰。此外,这个时期因儿童的活动量大,设计应考虑款式结构的坚牢度。

中学阶段(13~16岁)童装设计的难度较大。这时期的少年已有了自己的审美意识和独立思考的能力,但尚未形成独立观点,自身又没有经济能力,对于服装的喜好在很大程度上受到成人的影响。款式设计过于天真活泼,少年儿童不愿接受;而成人化的款式又显得严肃、老成,失去了少年生机勃勃的特性。因此,设计师要留心观察、了解少年的生理和心理变化特征,掌握他们的衣着审美需求。要有意识地在设计中指导他们如何按穿着目的和场合穿用服装,并在设计中注意对他们进行审美观念的潜意识培养,为今后的正确着装打下一定的基础。由此可见,对于设计师来说,童装设计的任务是很艰巨的。

（一）造型结构设计

6~15岁的儿童,体型已逐渐发育完善,尤其是女孩,腰线、肩线和臀位线已明显可辨,身材也日渐苗条。女学童的服装可以分为高腰、低腰、中腰,即梯形、长方形、X形等近似成人的轮廓造型。少女时期选择中腰X形的造型能体现娟秀的身姿,上衣适体而略显腰身,下裙展开,这类款式具有利索、活泼的特点。为使穿着时行动方便,以及整体效果显得端庄,采用装袖结构比和服袖(蝙蝠袖)更为适宜,如平接袖、落肩袖、插肩袖等。袖的造型多数用泡泡袖(灯笼袖)、衬衫袖、荷叶边袖等。

男学童在心理上希望具有男子汉气概,日常运动和游戏的范围也越来越广泛,如踢足球、骑自行车等。因此男学童的服装通常由T恤衫外加衬衫、西式长裤或西式短裤组合而成。春、秋季可加茄克衣、毛线背心、毛衣或灯芯绒外套,冬季则改为棉茄克。衬衫和西裤均采用前门襟开合,与成人衣裤相同。外套以插肩袖、落肩袖、装袖为主,袖窿较宽松自如,以利于日常运动。服装款式应大方、简洁,不宜加上过多的装饰。

学生装是为学校设计的校服。为了使校园的气氛显得整洁、统一,中小学生的校服设计需具备一定的标志性和运动机能性。少年儿童在此阶段成长速度快,而这类标志性服装又不宜经常更换,要考虑能保持两年时间穿着合适,因此,设计的款式应具有可调节性和组合性,例如上下装分开衣着的套装、两件装等。

（二）装饰设计

学生服可用学校的校名、徽志等具有标志性的图案进行装饰,图案应精巧、简洁,多安排在前胸袋、领角、袖克夫等明显的部位。装饰的手法多数采用机绣、电脑绣、贴绣等,带有较强的现代装饰情趣。

(三) 色彩与面料

低龄学童装应用较鲜艳的色彩,主要出于安全和低龄学童的心理考虑。中学生可降低色彩艳度和纯度。

学生服的面料以棉织物为主,要求质轻、结实、耐洗,不褪色,缩水性小。

四、盛装设计

盛装是适合儿童在各种喜庆场合穿着的服装。儿童在过新年、过儿童节、参加表演会、演奏会等各种典礼仪式,以及与家人一同参加礼仪性、娱乐性活动时,都需要穿着一套与日常服不同的盛装。现代社会中,儿童盛装已越来越受到家长们的重视。

如女孩春、夏季盛装的基本形式是连衣裙。学龄期至少女期的盛装通常采用西欧传统风格,即适合的上衣配以宽大的泡泡袖,收腰的长裙饰以蕾丝花边或荷叶边,裙围较大,旋转时成伞形,腰间系扎缎质蝴蝶结。

盛装的设计十分着意于装饰,最常用的装饰是细褶、细裥;打缆绣、缀蕾丝花边、荷叶边;佩戴假花、胸针、蝴蝶结、缎带、领结扣、丝绳等。同时,从鞋、帽、小背包、手提包到服装的配套系列化设计,会更加增添盛装的装饰效果。女童盛装色彩可纯净淡雅,男童装色彩可用沉着的深色,也可热烈明艳。

第十章

针织服装

第一节　针织面料及其服装分类

一、针织面料的特点

针织面料是服装材料中极具个性特色的类别，在结构、性能、外观及生产方式等方面都与机织面料不同。

针织面料不是由经向与纬向相互垂直的两个系统的纱线交织成型，而是纱线单独地构成线圈，再经串套连结而成的。针织面料的结构单元是线圈，线圈有正反面之别。凡正面线圈与反面线圈分属织物两面的，是单面针织物；混合出现在同一面的，则为双面针织物。根据线圈结构与相互排列的不同，针织面料分基本组织、变化组织和花色组织三大类别。根据线圈构成与串套的不同，又可分为纬编织物与经编织物两种。在纬编织物中，一根纱线即能形成一个线圈横列；在经编织物中，要由许多纱线才能形成一个线圈横列。

针织面料的生产效率高，工艺流程短，适应性强。原料种类与花色品种繁多，各具特色的针织面料能满足不同服装的用途需要。与机织面料相比，针织面料的手感弹性好，透气性强，穿着舒适、轻便。化纤针织面料还具有尺寸稳定、易洗快干和免烫等优点。

针织面料与服装有关的特性，主要有：

（一）拉伸性

针织面料由于靠同一根纱线形成横向或纵向联系，当一向拉伸时，另一向会缩小；而且能朝各方面拉伸，伸缩性很大。因此针织服装手感柔软，富有弹性，穿着时适体，能显现人体的线条起伏，又不妨碍身体的运动。但也伴有外观形态不够稳定的缺陷，与纬编面料相比，经编面料较稳定，变形小，故适宜制作外衣。

（二）透气性

针织面料的线圈结构能保存较多的空气量，因而透气性、吸湿性和保暖性都比较优良，使服装穿着时具有舒适感。

（三）脱散性

在服装裁剪或穿着磨损时，针织面料被切断的线圈失去串套连结，易脱散而形成“针洞”。针织物的这种脱散性，纬编的较经编的为大，基本组织的较花色组织的为大，线圈长的较线圈短的为大。

（四）卷边性

针织面料因边缘线圈中弯曲纱线在自由状态下力图回复伸直，故呈现出不同程度的“包卷”现象。纱线越粗、弹性越好、线圈长度越短，则面料的卷边性也越显著。双面针织物则基本上不存在卷边问题。

(五) 工艺回缩性

针织面料裁成衣片后，在缝制与穿着过程中会产生纵横方向不同程度的收缩变化，其缩率一般在2%左右。因此，为确保成衣规格，在尺寸设计时必须预先估计到这一点。

二、针织服装分类

按照我国的行业习惯，并参考国际常例，针织服装可分为针织毛衣、内衣、内衣外穿、外衣和配件五大类。现分述如下。

(一) 针织毛衣类

针织毛衣是指用羊毛、羊绒、驼绒、兔毛等动物毛纱或毛型化纤纱编结的服装，习称毛衣。

毛衣的品种极为丰富，款式、色彩、装饰常随季节及时尚的变化而不断更新。现代的毛衣集时装与日常服为一体，穿着日趋广泛，已构成针织服装中一个重要的独立分支。

毛衣通常在双针床舌针平型纬编机上生产，习称横机。普通横机能编织基本组织的织物，双排横机能编织各种色条或方格纹样，提花横机则可编织多种类型的花色织物。横机的生产特点是成形编织，它可以通过放针和收针，编织成形衣片，一般无需经过裁剪就能缝制服装。

除横机编结外，还有采用棒针手工编结的毛衣，亦称棒针衫，品种以花色套衫、旅游衫、外套大衣等为大宗，针法及用线用色可以随心所欲地加以变化，效果新颖别致，极富个性化。

(二) 针织内衣类

这是指穿在外衣里面、紧贴肌肤的针织成衣，通常有普通内衣、健美服等。

1. 普通内衣 普通内衣包括传统针织服装的“三衫”，即：汗衫背心(汗裤)，由中、细支纯绵或混纺纱织制，薄型，男装款式简单，女装与童装较为花俏；棉毛衫裤，由纯棉或混纺纱织制，采用纬编双罗纹组织，柔软厚实，适于春、秋、冬季节贴身穿着。

2. 补整内衣 女用的各种胸罩、束腰以及裙撑等。通常采用收缩性优异的弹力网眼经编织物缝制，款式多样，具有矫正体形的作用。

3. 装饰内衣 女衬裙、喇叭形内裤、乳罩式紧身衣或夜用睡衣等。健美运动穿用的针织衣，紧身贴体，运动机能灵活，富有现代健美感。

(三) 内衣外穿类

近年来，随着内衣外穿的服饰潮流，针织内衣一改以往的单调格式，呈现出新潮化、时装化的发展趋势。

1. T恤衫 由针织汗衫发展而来，原料有涤棉、涤麻、全棉纱线和全棉丝光线，丝光线属高档T恤衫的用料。面料结构有单面平布、网眼布、彩横条汗布等。T恤衫的基本款式为半襟、三扣的短袖翻领衫(又称扣子衫)，或罗纹圆领与袖口的短袖衫。另有一种饰以商标、徽记或文字装饰的“广告衫”，穿着的同时伴有商业宣传作用，这是T恤衫的变化品种。

2. 外套化的绒衫裤 以往作为保暖服装穿在外衣里面的绒衫、绒裤，现在则作为便服或运动服穿在外面，如薄绒运动衣等。这类外套化的绒衣裤经镶拼、饰彩道或印花、绣花、四合扣、气眼扣再穿绳带等装饰设计，表现出刚健、豪放、洒脱、活泼的服装风格。

(四) 针织外衣类

随着针织技术的发展，针织外衣的品种日益增多，有各种上衣、外裤、外裙、连衣裙、罩衣、大衣、套装等，能适应社交、家居、运动和休闲不同场合之用。

针织外衣的面料通常以化纤纯纺、化纤与天然纤维混纺或交织的针织花色布居多，质地挺括、抗皱、稳定性好。款式追随流行，较为时髦，以套装和裙服为主。

（五）针织配件类

作为服装配套用品，针织配件具有不可或缺的重要作用。

1. 针织袜类　针织袜子为成型编织品，花色品目繁多，有弹力尼龙袜、卡普隆丝袜、毛巾袜、色跟袜、花样丝袜等。随着超短裙装的盛行，袜子的设计变化更为层出不穷。

2. 针织手套　成型编织或用针织坯布缝制而成，分装饰用、保暖用和劳保用等种类。

3. 针织帽　冬季保暖帽多为成型编结而成，夏季凉帽则采用网眼针织布缝制。帽型款式变化极多。

4. 针织围巾、领带　色彩与花纹富于变化，能适合不同服装配饰的需要。

第二节　针织服装设计

针织面料的内在性能和外观效应别具一格。为了完美地体现材质的审美特性，在服装设计中采用了一些与机织面料不尽相同的造型、装饰和工艺方法。针织服装的设计特点具体表现在以下几个方面。

一、轮廓造型

针织面料服装的轮廓造型大致可分为三类，即紧身型、直筒型和宽松型。

（一）紧身型

针织面料弹性好，伸缩自如，能适合人体体形特征，反映线条身段，并能适应各种运动与活动所需，因此，可制作各式紧身服装。如采用薄型针织材料设计制成的内衣、泳装、芭蕾服、健美裤、紧身运动衣等，线形简洁，自然贴体，使穿着者的身材显得更为修长、苗条。

（二）直筒型

用较为紧密厚实的针织面料制作外衣，由于面料弹性较小，轮廓造型以直筒状为主，以达到穿着适体、活动自如的效果。为丰富造型，通常在整体比例上或局部线条上加以变化。如衣长处理各不相同；肩线设计或宽平、挺直，或圆润、柔和；衣身可收腰节，也可在低腰的剪缉上加以强调等等，使服装的轮廓造型端庄大方，并不失灵秀之气。

（三）宽松型

针织面料具有较好的柔软性和悬垂性。为了充分运用这一材质性能，针织外衣和外套常采用宽松型设计。由简单的直线或弧线组合，造型不过分复杂、繁琐，款式亦不过于怪异、夸张，表现出洒脱而轻松的情趣。

二、衣边修饰

针织面料易于脱散和卷边，在服装的衣边处理上常采用一些颇具特色的设计方法，予以弥补并加以美化，从而形成了针织服装的独特装饰性。如服装从领子、门襟到下摆以及袖口全部采用滚边工艺加以修饰，既能使衣边平服，又能使整体造型显得端庄、生动，这是一种融实用性与装饰性于一体的设计方法。著名的夏奈尔风格的针织外衣，采取直身的方形裁剪，无领，有四个衣袋,纽扣对称配置,饰边的颜色深浅对照,具有高雅、成熟的艺术魅力。

供衣边修饰用的材料多种多样,如羊毛衫上可用辫带,运动便装上可用罗纹织物,礼服上可饰缎条;薄型针织衣裙的边缘一般则以弹性良好的拷边方式处理。针织服装的衣边修饰能取得有异于机织面料服装的特殊美感。

三、织法变化

针织物的线圈结构精致多变,富有独特的肌理效应,不同的针法即能形成情趣各异的花纹与质地。因此针织服装可以利用织法变化丰富的特点,致力于织物风貌与格调的设计。即使是同一种服款,若在织法上加以改变,就能获得精细或粗犷、典雅或华贵、严谨或活泼等风格迥异的观感形象。同时,运用各种织法的组合变化与适当配置,也能增强服装的装饰性和整体美感。

针织服装还可以充分发挥针织物设计的工艺特长,利用成型衣片在制作上的方便,使服装形成配套化。如以合身的套衫和宽敞的外套等在花色上配套,可取得和谐一致的艺术效果。

四、异料镶拼

为了发挥各种面料的性能特点,并弥补造型设计上的单调感。针织服装常采用异料镶拼的方法来丰富服装的实用功能和外观形态。如在衣服的袖口、领子和下摆处镶以伸缩性能好的罗纹布;在需要透气、舒爽的部位镶拼网眼布;在胸前、袖侧拼缝色彩鲜艳的面料等。

针织服装上的异料镶拼不仅出于实用功能上的考虑,而且十分重视镶拼所产生的装饰效果,其手法变化多端,具体有以下几种类型:

(一) 同色镶拼

以纤维原料相同、颜色相同,而组织规格、织纹结构不同的针织物镶拼,使服装增添面料质地的对比与变化。

(二) 异色镶拼

以同品种、不同颜色,或不同品种、不同颜色的针织面料镶拼,使服装的色彩生动而富于变化,给人以明快感。

(三) 花色面料镶拼

以花样、颜色相同而品种不同,或品种颜色相同而花样不同,或花样相同而颜色不同,或花样、颜色相同而花型大小不同的各类花色针织面料,运用变化统一的形式原则,进行规则或不规则的镶拼,表现新颖别致的设计构想。

(四) 织、印镶拼

以平素针织物与印花针织物,或提花针织物与印花针织物镶拼,使其相互衬托映照,在对比中显示出特色。

(五) 不同材质镶拼

以针织面料与机织面料或皮革等镶拼,汇集不同材质的特性于一体,迎合时装新潮,产生高雅优美或豪放强烈的各种装饰效果。

五、工艺制约

由于针织面料的性能特点有别于一般机织面料,因此在裁剪、缝制工艺上亦受到一定的制约。在设计中,应注意以下几个方面:

(一) 结构

针织面料由于轻薄、柔软,加上伸缩性大,在设计服装结构时应趋于简洁,尽可能地不用或少用省道。此外，在推、归、拔、烫等结构造型的工艺运用中也要受到相当的限制，因此，服装结构以简练、大方为好，不能过于繁琐。

(二) 放松度

针织面料具有极好的悬垂性，从而易导致长度增加而宽度缩小。因此，凡是会影响运动机能的服装部位，如胸围、臀围，应有适量的放松度；但因针织面料的固有弹性，其放松尺寸可比机织面料的服装略小。在制作长裙时，则应将裙片适当放宽，长度缩短一些。

(三) 缝缉线

针织服装的针迹宜稍粗，一般控制在每厘米 10～12 针。通常应用五线拷边机缝制，使缝缉线迹富有弹性。

(四) 衬料

为了增进针织服装的美观和牢度，在克夫、领面、门襟等不必要有弹性伸缩的部位，应使用粘合衬，以达到稳定、平挺的效果。

第十一章

特种功能服装

第一节　特种功能服装的类型

随着人类活动领域的开拓，社会生产的发展和科学技术的进步，服装的种类越来越多，人们对服装的功能要求也越来越高。服装除具有一般意义上的隔热避暑、御寒保暖等保护功能外，还应具备某些特殊功能，如防火、防辐射、防低压缺氧等等，以适应一些在特殊环境下工作与生活的需要。用来防护专业人员在特殊环境下正常作业和生命安全的服装，称之为特种功能服装。这类服装的设计主要是功能，包括材料的特殊需求。

特种功能服装除供地面作业使用外，还用于包括上至高空宇宙探索，下至深海潜水等众多场合。它们是功能超强的特殊工作服，其专业化和高质化，已成为服装与现代科技紧密结合的象征。

一、防尘服

在食品加工过程中需采取防尘措施以免微生物的污染；在电子与精密仪器工业中，对无尘车间的净化要求越来越高，以避免微量尘埃对产品质量的影响。因此这些部门的操作人员必须穿上防尘功能的服装。

防尘服又称无尘作业服。防尘服不仅要求衣服本身不产生尘埃，而且还需具有防止尘埃散发的过滤性能，以及防静电、耐洗涤和穿着舒适等服用性能。最新型的防尘服面料由化纤长丝制织，然后再涂以金属薄膜。手感柔软、透气、又不易折皱。防尘服的款式造型，虽因具体行业工种的不同有所区别，但通常采取连衫裤式工作服和罩式工作服两种基本样式。

二、防火服

防火服为防止火焰对人体伤害的防护工作服。包括消防人员穿的消防服，林区工人穿的森林扑火服，冶金炉前工、电焊工穿的劳保服装等。防火服应选用阻燃、隔热和防熔性良好的材料制作。老式的防火服沿用帆布服或石棉服，效果较好，但面料粗硬笨重，穿着不够舒适。改进防火服的关键是发展阻燃面料，国外研制的“普尼亚”防火织物，选用化纤原料在真空、高温下喷上铝合金织制而成，能经受900～1600℃的高温。制成的防火服可使消防人员在穿过火海时不致烧伤身体；冶炼工人可在不熄火的情况下抢修高炉，而服装内部的温度始终保持在40℃以下。

防火服的款式造型，可按具体劳动环境灵活设计。通常有防火衣、防火头罩、防火手套等品种，要求对人体的覆盖面积尽量大，但又需方便作业。

三、防水服

从事井下作业的冶金矿工、淋雨作业的采煤工、南方多雨地区的地质人员和某些海洋工作人员，需穿防水工作服，以利于保健和生产。制作防水服的材料很多，常用的有以下几种：

（一）橡胶布

防水性能优异，缺点是穿着不舒适，给人湿漉漉的感觉，因此衣服上透气孔的设计显得极其重要。

（二）塑料布

防水性好，但过于轻薄，作为工作服不耐穿用。

（三）防雨布

采用细密帆布、亚麻布或混纺布经高级防水整理而制成，织物纱线遇水即膨胀，能堵住织物中的空隙。由于防水和透气两者兼备，做成工作服穿着舒适，防阵雨的效果极佳。

（四）涂层布

以化纤长丝制成底布，在其上涂以聚氯乙烯、氯丁橡胶或微孔胶。以微孔胶涂层的最为理想，不但透气性好，应用方便，而且质地柔软、耐用。

防水服通常包括防雨连衫裤工作衣、军用雨衣、雨披，以及雨帽、雨靴等装备。在服装的肩背部位可设计双层结构，以增强防水功能。

四、均压服

均压服是电业工人在带电情况下操作，以排除输电线路故障时穿用的安全作业服，又称“屏蔽服”、“等电位服”。

制作均压服的织物，既要能通电流，又要将人体各部分遮蔽，使之电位相等，以防电击。我国研制成功的均压绸，采用柞蚕丝、柞绢纱和金属丝并合加捻线织制，组织结构紧密，适宜于电工在22～50万伏高压线带电作业时穿着。

均压服通常采取上身茄克衫、下身长裤的工作套装式样，衣背部打褶以使手臂活动范围加大，袖口和裤管紧小，腰系安全带及工具，操作时衣服与电流相通。服装色彩视具体环境要求而定，选用鲜艳色彩可引起地面人员对高空作业电工的注意。

五、防毒服

防毒服的研制，始自本世纪40年代，最初用于战事需要，现已广泛运用于工业生产领域。防毒服可使人体与毒气环境相隔绝，防止毒气对神经的伤害。

防毒服采用具有防毒功能的材料制作。如选用丁基胶布可做成不透气的防毒服；而用无纺布浸以活性剂，再经防水、防油、防火等整理，就可制成透气性的防毒服，穿着较舒适，还兼具防光辐射的功能。

防毒服的整套装备，通常由防毒面具、连衫裤式的外衣和披肩等部分组成，图11－1为防毒服。

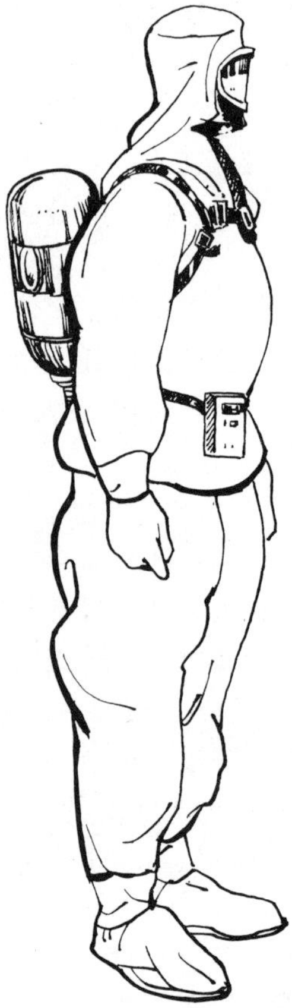

图11－1 防毒服

六、避弹服

避弹服又称防弹服，能防止流弹或碎弹片损伤人体重要部位，具有护身作用。避弹服首先见之于军事活动，目前大多运用于工农业生产上，如矿山爆破作业等。

避弹服按其所用材料，可分硬式、软式和软硬式三种。

（一）硬式

衣服的前胸与后背借助钢板、钢丝网或陶瓷板，来抵挡子弹穿透。缺陷在于穿起来较重，且身体两侧与颈部难以防护。

（二）软式

以20世纪70年代发明的“克夫拉”有机聚合纤维叠合制成的防弹服，质轻、柔软，可抵御轻机枪的连续发射，对手枪、猎枪更能轻松应付。

（三）软硬式

在软式避弹衣上再加陶瓷板，以提高防弹性能，可抵御来福枪的重火力袭击。

七、迷彩服

迷彩服是现代战争中供指战员穿着的一种伪装服，它借助保护色、保护形的错觉原理迷惑对方，从而达到隐蔽自己、保存自己的目的。新型迷彩服还具有反可见光、反红外线、反雷达侦察等性能，更符合实战需要。

迷彩服的面料通常以维/棉混纺纱或纯维纶纱作原料，织制后通过特殊加工，印染成符合战地要求、与大自然景观相似的图案。图案的色彩、斑纹及亮度等，基本上分两大类别：酷似森林、草地的称为林地形图案，与荒地、沙漠相仿的称为荒漠形图案。

迷彩服的款式一般为茄克衫与长裤的套装，宽松适度，既便于活动又较为利索；结构简洁，符合战事需要。

八、疗效服

疗效服是指具有辅助医疗作用的生活保健服装，品种很多。

（一）按摩服

依照推拿原理设计的一种紧身内衣，其衬里上粘有许多突起的乳状橡胶颗粒，当人活动时，胶粒会自动按摩全身肌肉，起到疏通经络、减轻肌肉疲劳感的作用。

（二）电疗服

用氯纶织物缝制的棉毛衫裤，贴身穿着时人体表皮与之摩擦会产生静电，这种静电具有微量的电疗作用，能减轻风湿性关节炎的疼痛。

（三）抗菌服

将有机抗菌药剂粘附在棉针织内衣上，或采用内含抗菌药剂的空心纤维编织成针织内衣裤，久穿能抑制病菌的繁衍，起治疗和预防皮肤病的作用。

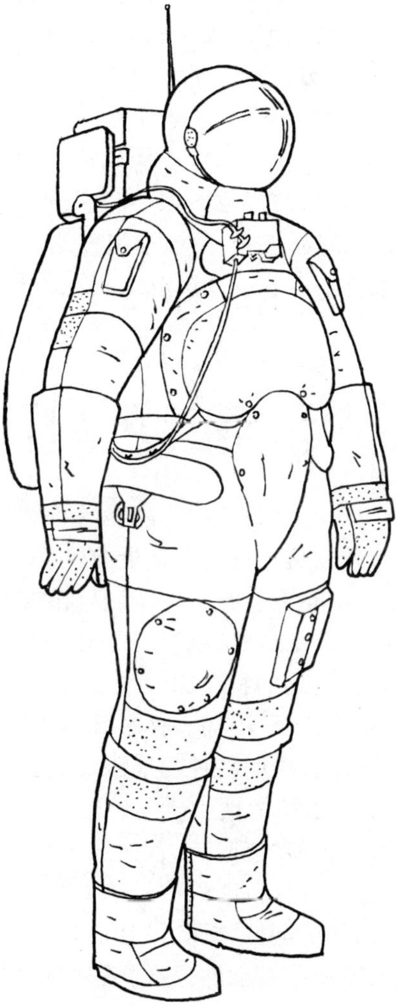

图11-2 宇航服

九、极地服

极地服为南极、北极寒冷地带穿着的耐寒服装。

极地的气温在冬季可达 -70℃。为适应低温和低湿，以及风、雪、冰等气象条件，极地服须选用防风、防水和难通气的化纤织物作面料，里料用柔软、透气性好的织物，内填充羽绒或化纤定型棉，以确保良好的保温性。

极地服的袖口和摆位应采用密闭性的设计，周沿还可加饰防风用的毛皮，以保护衣服内的温暖空气层。与服装配套的通常有防风帽、五指手套和耐寒长统靴，靴内垫有保温材料。

作为科学考察用的极地服，一般配色鲜明夺目，并饰有国别标志。

十、潜水服

潜水服为水下作业服、具有保证潜水员生命安全的作用。专业潜水服与时装设计关系不大，在此不作详细介绍。

十一、飞行服

针对高空飞行的特殊要求，为保证飞行员的安全，在 18000m 以下的高空飞行，服装通常由加压面具、抗荷服和海上救生背心等组成；在 18000m 以上高空飞行时，服装需由抗荷服、代偿服和抗浸防寒服等组成。

十二、宇航服

宇航服的设计目标是构成一个适于太空生活和进行科学考察的人体小气候。它的结构复杂，包括密闭头盔、密闭服、手套、鞋靴及背箱等部分，如图 11 - 2 所示。宇航服不但能供氧、增压、冷却、隔热、保暖，具有通讯联络、电视摄影、照明等多种功能，而且还配备有灵巧的电子报警系统，以及供宇航员充饥解渴的食物和饮料。

第二节　特种功能服装的应用设计

特种功能服装是功能高强的特殊形态的工作服或职业服，具有明显的职业标识性和广泛的群体性，并有其自身的设计规律性。

特种功能服装的设计，难易程度差别很大。有些结构复杂、功能齐全的特种服装，通常需由造型设计、纤维材料、服装色彩和劳动保护科学等多方面的专家通力合作，才能取得圆满的设计结果。前面提到的特种服装是非常专业的，另外，像一些职业制服也可以属于此列，如空姐服，医院职业服装，工厂不同工种服装等更适宜服装学子研究。

以下简要说明特种功能服装设计中应注意的几个问题。

一、突出机能性

设计特种功能服装，首先应突出其机能和用途，从方便和安全两个方面，充分考虑到运动机能性和保护身体机能性的特殊要求。

在运动机能性方面，设计应密切结合人体工程学，从人体结构形态出发，方便身体的屈伸活动，尤其要使手臂动作灵活，活动量充分。选用材料应质轻，穿着舒适，克服形体臃肿、行动不便或消耗体力过大等不足。

在保护身体机能性方面，设计时要特别注意身体重要部位和易受伤害部位的防护。可采用加层、封闭式或密闭式设计；衣袖、衣摆及裤口最好有紧缩或可调节松紧的部件；在机器旁操作的服装要尽量用拉链代替纽扣，以求穿着利索，方便安全。在设计时还应及时选用新工艺、新材料，以提高服装的护身性能。

二、服装基本形式

特种功能服装常用的式样，除工作衬衣、上衣、背心、围身等外，主要有下列三种形式。设计时应根据职业需要和劳动环境的特点，灵活配套，组合变化。

(一) 套装

通常的作业服套装，上衣为茄克，下装为工作裤。茄克衫的腰、腹部束紧，领口和袖口均收紧，对襟一般用拉链，衣袋的配置根据具体工种而定；裤子的裆一般较肥，裤管偏紧小或可调节。套装应造型完整，穿着适体，方便劳动。

(二) 连身装

指衫裤相连的服款，应能保护人的躯干和四肢，有利于形成服装内的微气候空间，运动伸屈自如，穿脱也方便。连身装可束腰，亦可束工作腰带。与连身装形式相仿的工装裤又称半连衫裤，能防护部分躯干和下肢，是使用较广泛的一种劳动保护服装。

(三) 外罩大衣或披肩

这种形式的服装覆盖身体的面积大，服装表面平直，较少褶纹，对防护功能的发挥较有利。

三、服装色彩设计

功能服装的色彩设计注重于科学性，不能孤立、盲目地选用颜色，需与作业性质，环境条件、穿用季节、材料质地以及人们的心理反映等加以综合考虑。如防尘工作服，面料应以白色或接近于白色的素淡色为主，以便能及时发现污物，保持洁净。

橙、黄、红色在空气中的穿透力高，能引人注目，因而作为标志色和信号色而被广泛运用于野外勘探或高空作业防护服。所有制服或职业工作服都必须依职业特点确定颜色。

四、现代的审美特征

特种功能的服装崇尚实用机能性的造型结构，讲究以最简单有效的手段取得最大的功能效益。这类服装轮廓清晰，线条简洁，结构科学合理，可有可无的饰件一概取消。在面料应用上，也从质地、光泽、肌理及色彩等方面挖掘其美学特征。所有这些，都表现出了与现代审美特征相吻合的风格，并焕发出别具情趣的服饰美感。

附录　世界主要时装大师概况

作为一代设计大师，他们的设计是特定时代的完美艺术品，无论其服装外形线、色彩、面料和各种细部的处理，都具有各自的风格和独特的魅力。“时尚已逝，样式却留下来了”(夏奈尔)。他们的设计和设计思想能开阔我们的视野，启示我们学会怎样切准时代脉搏，丰富我们的设计技巧。同时，在设计风格的演变、设计家的换代和设计潮流的发展中存在着某些规律性和共性的东西，也是值得我们研究和探讨的。以下简要介绍一些时装大师的情况。

沃斯（Charles Frederick Worth，1826—1895）　英国人，因家道中落，11岁开始做工。20岁只身到巴黎，后在他人资助下开设时装店。他的设计风格高贵、典雅，用料奢侈、铺张，装饰华丽。他是第一个开设时装店的人，第一个使用时装模特儿，第一个在巴黎建立高级时装设计师组织——“时装联合会”，开创了由设计师主宰时装舞台的历史，因而被誉为“时装之父”。

保罗·波烈（Paul Poiret，1879—1944）　出生在巴黎的布商家庭，从小就表现出艺术才能。受到名师的指导后，1903年开设自己的设计室。在东方艺术的影响下，他改变了娇柔造作的曲线特点，开创松腰的直线造型。他的风格具有浓郁的东方情调，色彩艳丽，面料华贵。独具魅力的波烈风格曾风行一时，成为本世纪初时尚的典范，史学家们称其为时装史上的一场革命。

维奥内（Madeleine Vionnet，1876—1975）　法国人，她的青年时代是清贫和不幸的，在婚姻破裂以后，到伦敦、巴黎制衣店和时装公司工作。1912年开设自己的时装店，并赢得了声誉。维奥内的设计潇洒、自然、高雅，能极为巧妙地利用面料的特性表现人体，她的斜纹裁剪法闻名遐迩。维奥内为本世纪最重要的服装专家之一。

夏奈尔（Gabrielle Chanel，1883—1971）　法国人，曾被称为20世纪20～30年代的时装“女皇”。她以独立不羁、自由自在的强烈个性，创造出那个时代流行的简洁、朴素的现代女性形象。夏奈尔还是时装大师中为数不多的能走完全程而永获成功的天才，她的美貌和传奇式的个人生活经历更具魅力。

夏帕瑞丽（Elsa Schiaparelli，1890—1973）　出身于罗马书香门第，家境富裕，从小受到良好的艺术教育。1928年开始设计服装，成名作是一件针织运动衫。她的设计注重服装的艺术趣味和女性的曲线魅力。她还是第一个将垫肩、拉链、化学纤维用于时装的人。用色上大胆泼辣，喜用鲜艳明快的色彩，最著名的是“惊人的粉红”。她的设计还由于加入了当时兴起的超现实主义流派的俏皮，这使她在20世纪30年代后期声誉达到了顶峰。

迪奥（Christian Dior，1905—1957）　出身于法国商人家庭，自幼生活优越，教育良好。家庭破产后，他以出卖时装插图为生。1941年到时装公司工作。在纺织巨头的资助下，1947年迪奥首次展示了他的设计“新造型”系列，一举成名。以后他又不断推出新的设计，每次都大获成功，尤其是1953年的“郁金香型”，1954年的“H型”，1955年的“A型”、“Y型”。圆润柔和的曲线造型是和平美好的体现，迪奥的风格符合战后人们的审美心理需求，因而他成功地统治时装世界长达10年，成为战后时尚的精神领袖。

巴伦夏卡（Cristobal Balenciaga，1895—1972） 生于西班牙，早年从母学习缝纫。1916 年开设时装店，1937 年进军巴黎，很快得到时装界的重视。巴伦夏卡的风格始终保持女性化的柔美和精致，色彩上具有西班牙画家的特点（阴郁的黑色与棕黄色）。20 世纪 50 年代，他已成为时装泰斗，是大师中少有的全才，他能尽善尽美地完成从设计稿到样衣的全过程，后代设计家们从他的设计中得到无穷的启迪。

伊夫·圣·洛朗（Yves Saint Laurent，1936—　） 当今活跃在世界时装舞台上最重要的设计大师之一。他出生于阿尔及利亚的法裔家庭，从小表现出对时装的热情和才能。1954 年在国际羊毛局的设计大赛中夺魁，不久成为时装大师迪奥的助手。迪奥去世后，他被任命为该公司的首席设计师，1958 年首次展示"梯型"系列，大获成功。1961 年独立开设公司，他不断以崭新的设计征服世界，如"蒙德里安"、"非洲"、"俄罗斯"、"中国"、"毕加索"等系列都是他的力作。1985 年他在北京举办了 25 年作品回顾展。

玛丽·奎恩特（Mary Quant，1934—　） 出生于英国教师家庭，16 岁到伦敦金饰学院学习绘画。1955 年与丈夫在伦敦开设"巴萨"百货店，玛丽·奎恩特就在那里设计出"迷你裙"，开创了服装史上裙子下摆最短的时代。她的设计风格清新、可爱，充满青春朝气。她的口号是："剪短你的裙子"，致使 20 世纪 60 年代"迷你裙"风靡全球。1963 年活力集团公司成立后，玛丽·奎恩特又成为精明的企业家。

皮尔·卡丹（Pierre Cardin，1922—　） 出生于意大利，年幼时随家迁居法国。二次大战后，卡丹才步入时装界。先后曾在帕奎、夏帕瑞丽和迪奥公司工作。20 世纪 50 年代初独立开店，经营男、女装。20 世纪 60 年代，设计了"宇宙服"等大量女装，从此声名鹊起。他的风格抽象夸张，擅长用各种几何造型，对肩部、领型、褶裥的处理都有独到之处。他以特有的造型线条和艳丽的色彩，被誉为时装界的"先锋派"，曾三次荣获时装界最高荣誉奖"金顶针奖"。他还是一位多智多能的企业家，正是从他的访华开始了中国与世界时装界的接触。

卡尔·拉格菲尔（Karl Lagerfeld，1939—　） 生于德国富有家庭，从小酷爱艺术。14 岁到巴黎，1954 年参加国际羊毛局设计大赛获奖。以后在两家著名时装公司工作。拉格菲尔是个非凡的设计师，在他以自由设计师身分正式闯入时装界后，同时为意大利名牌"芬蒂"设计裘皮装、针织装，为法国名牌"柯劳耶"设计女装。1983 年他为著名的"夏奈尔"公司设计女装。他的设计使这些名牌焕发了青春，同时，也使他成为巴黎引人注目的设计大师。他的设计风格多样、形式多变、富有幽默感。

瓦伦蒂诺（Valentino Garabani，1932—　） 杰出的意大利时装大师。中学毕业后到米兰学习时装设计和法文。17 岁到巴黎，就读于服装学校，毕业后曾任绘图员。进入时装界后曾是著名设计师纪·拉罗什的助手。1959 年回到罗马并开设第一家精品店。1962 年参加佛罗伦萨时装节展示作品，得到了美国客商的高度赞赏，从此奠定了他未来的地位。瓦伦蒂诺的设计风格代表了高级时装的传统，华丽而又性感。到 20 世纪 70 年代末，以他名字为牌子的男女服装已遍布世界各大都市。直至今日，他仍是领导时装潮流的一位重要人物。

高田贤三（Kenzo Takada，1940—　） 高田贤三是最早打入巴黎的日本时装先驱之一。他的父母是旅馆业主，但他从小爱好艺术，曾在就读艺术学院时获最高奖学金。毕业后到欧洲旅游，立志要在巴黎从事服装事业。他曾为谋生到各处兜售服装设计稿，受到法国著名时装杂志极大的帮助和栽培。1970 年，他在巴黎开时装店，经过十余年的艰苦奋斗，已世界闻名。高田贤三的设计风格简洁、单纯，灵感来自日本和其他民族服装，他是一个多产而永远年轻的创造者。

阿玛尼（Giorgio Armani，1935— ） 20世纪80年代具有代表性的设计大师。他生于意大利，曾是一名军医。退伍后在意大利大百货商店布置橱窗，在偶然的机遇中受到了纺织巨头塞洛蒂的赏识，进入其公司从事服装设计。最初是设计男装，8年后，阿玛尼独立创牌子，很快得到了人们的赞誉，使其在米兰时装界脱颖而出。阿玛尼的女装特点是提高和夸张肩部，具有含而不露、庄重洒脱的特点，既富有男子气，但又绝对具有现代女性的魅力。另外，他的设计风格始终是随便自如、轻松舒适，不仅仅适合于舞台，更适合于生活中的各种场合，因此深受人们的喜爱。今天，阿玛尼的时装已成为光彩夺目的世界名牌。

三宅一生（Lssey Miyaki，1938— ） 日本人，是现在左右世界时装潮流的重要设计师之一。他将日本的文化精神融化到现代服装中，创造出具有东方色彩的质朴、粗犷美，他的时装具有强烈的艺术魅力，并极大地影响了欧洲的传统风格。

蒙塔娜（Claude Montana，1949— ） 父亲是德国人，母亲是西班牙人，他生于法国。中学毕业后开始去伦敦设计首饰，并获得成功。回法国后，为一些公司设计皮革装和成衣服装。1973年他开始确立自己的风格，1979年创办公司，并很快成为具有影响力的设计师。他的创作灵感来自于男装、军队制服和“朋克”装，设计风格坚强有力，舒适实用，追求完美的功能性与审美性的结合。蒙塔那被公认是最杰出的新一代设计大师。

让—保罗·戈蒂埃（Jean—Paul Gaultier，1952— ） 出生于法国，母亲是富裕的中产阶级，父亲却是劳工阶层。他对服装的兴趣是受祖母的影响。17岁时他将自己的服装设计稿邮寄给一些著名的设计师，受到了卡丹的赏识。1976年戈蒂埃作为自由设计师首次展示了自己的设计系列。他的作品从一开始就显示出对欧洲传统习俗的嘲弄，他擅长从街头青年的穿着中获得灵感，风格特点为轻松随便、诙谐幽默。尤其是采用最不可思议的内外衣搭配和前所未有的材料组合，从而形成了独特而具有现代感的设计流派，被誉为“前卫设计师”。1987年他荣获全法最佳设计师桂冠，获得奥斯卡奖。

中国国际贸易促进委员会纺织行业分会

中国国际贸易促进委员会纺织行业分会成立于1988年，成立十多年来，致力于促进中国和世界各国（地区）纺织服装业的贸易往来和经济技术合作，立足为纺织行业服务，为企业服务，以我们高质量的工作促进纺织行业的不断发展。

➢ 简况

■ 每年举办（或参与）约20个国际展览会
涵盖纺织服装完整产业链，在中国北京、上海和美国、欧洲、俄罗斯、东南亚、日本等地举办
■ 广泛的国际联络网
与全球近百家纺织服装界的协会和贸易商会保持联络
■ 业内外会员单位2000多家
涵盖纺织服装全行业，以外向型企业为主
■ 纺织贸促网www.ccpittex.com
中英文，内容专业、全面，与几十家业内外网络链接
■《纺织贸促》月刊
已创刊十六年，内容以经贸信息、协助企业开拓市场为主线
■ 中国纺织法律服务网www.cntextilelaw.com
专业、高质量的服务

➢ 业务项目概览

➢ 中国国际纺织机械展览会（每两年一届、逢双数年在北京举办）
➢ 中国国际纺织面料及辅料博览会（每年分春夏、秋冬两届、分别在北京、上海举办）
➢ 中国国际家用纺织品及辅料博览会（每年举办一届）
➢ 中国国际服装服饰博览会（每年举办一届）
➢ 中国国际产业用纺织品及非织造布展览会（每两年一届，逢双数年举办）
➢ 中国国际纺织纱线展览会（每年举办一届）
➢ 中国纺织品服装贸易展览会（美国纽约）（每年6月份在美国纽约举办）
➢ 中国纺织品服装贸易展览会（德国）（每年在德国举办）
➢ 组织中国服装企业到美国、日本、欧洲及亚洲等其他地区参加各种展览会
➢ 组织纺织服装行业的各种国际会议、研讨会
➢ 纺织服装业国际贸易和投资环境研究、信息咨询服务
➢ 纺织服装业法律服务

更多相关信息请点击纺织贸促网 www.ccpittex.com